U0162990

L'HISTOIRE PASSE À TABLE!

Les 50 repas qui ont fait le monde

餐桌上的历史

刺激食客味蕾的50餐

［法］马里翁·戈德弗鲁瓦
［法］格扎维埃·德克特　著
［法］露西尔·克莱尔　绘

感谢丹尼尔·布儒瓦的热心参与

赵克非　译

上海文化出版社

图书在版编目（CIP）数据

　　餐桌上的历史：刺激食客味蕾的 50 餐/（法）马里翁·戈德弗鲁瓦，（法）格扎维埃·德克特著；（法）露西尔·克莱尔绘；赵克非译. 一上海：上海文化出版社，2022.1（2022.7 重印）
　　ISBN 978 - 7 - 5535 - 2372 - 9

　　Ⅰ. ①餐… 　Ⅱ. ①马…②格…③露…④赵… 　Ⅲ. ①饮食－文化史－世界－普及读物 　Ⅳ. ①TS971. 201 - 49

　　中国版本图书馆 CIP 数据核字（2021）第 177126 号

Originally published in France as:《 l'Histoire passeà table！Les 50 repas qui ont fait le monde 》
by Marion GODROY－T. de BORMS and Xavier DECTOT
Copyright © 2016，Editions Payot & Rivages
Chinese (in simplified characters only) translation Copyright © Shanghai Culture Publishing House，2022

图字：09 - 2021 - 0286 号

出 版 人　姜逸青
策 　　划　小猫启蒙
责任编辑　王茗斐
封面设计　DarkSlayer

书　　名　餐桌上的历史：刺激食客味蕾的 50 餐
作　　者　［法］马里翁·戈德弗鲁瓦
　　　　　［法］格扎维埃·德克特 著
　　　　　［法］露西尔·克莱尔绘
译　　者　赵克非
出　　版　上海世纪出版集团　上海文化出版社
地　　址　上海市闵行区号景路 159 弄 A 座 3 楼　201101
发　　行　上海文艺出版社发行中心
　　　　　上海市闵行区号景路 159 弄 A 座 206 室
印　　刷　苏州市越洋印刷有限公司
开　　本　889×1194　1/32
印　　张　10. 25
印　　次　2022 年 1 月第一版　2022 年 7 月第二次印刷
书　　号　ISBN 978 - 7 - 5535 - 2372 - 9/TS. 079
定　　价　52. 00 元
敬告读者　如发现本书有质量问题请与印刷厂质量科联系　T：0512 - 68180628

译者序

　　译此书时，老话"三句话不离本行"突然从记忆中蹦了出来。君不见，两位治史的学人、美食家，合写一部貌似食谱的书，竟也从历史的高度着眼，称之为《餐桌上的历史——刺激食客味蕾的50餐》，这做派岂不就是"在史言史"？作者不惮艰辛，从世界几大洲、上下两千年的档案中，依时间顺序，选出50场宴席（也有算不上是宴席的，如拿破仑在战争前线吃的那餐马伦戈炖鸡），分为50章，通过对事件的一番简单描绘，展示出了不同时代的某个特定场景，串联下来，就成了一部别开生面的历史故事书。每章后面，还都介绍一道现代厨房里能做得出来的菜肴，从食材选取，到灶边操作，细致精微，面面俱到。此外，又穿插了几篇类似餐饮小史的文章，洋洋洒洒，敷衍成书，就有了这本《餐桌上的历史——刺激食客味蕾的50餐》。

　　作者认为，他们所选的这50场宴会，影响极大，可谓塑造了今日的世界！我们也常常听到人说，如果怎么怎么样，历史就会重写……这类话，听起来似乎有点夸张，但揆诸我们自己的历史，若说一场宴会能够改变历史，好像也并非全无道理。比如，大家耳熟能详的鸿门宴上，如果项羽依亚父范增之计而行，把刘邦"咔嚓"了，楚汉之争后来会是什么局面虽不好说，但刘邦成不了汉高祖，而中国的这段历史，也就会是另一种面貌了。

介绍烹制菜肴的文字，占了书中很大篇幅。看来他们是想以美食家的身份，将这50道菜公诸同好。文人多美食家，这在我们的传统文化故事里也所在多有；厨下有一手绝活的文人，更不在少数。古代的"东坡肉"，近代的"潘鱼"……数不胜数，都是文人手笔。现代文人学者中，厨艺令人称道的也大有人在，比如王世襄先生，比如汪曾祺先生。不过，这本书里介绍的菜肴，因为多数食材不出在本土，中国读者能不能如法炮制，就不得而知了。也许，全球化的结果，使年轻人眼界大开，已不像老朽如译者这般孤陋寡闻，保守落伍，会有兴趣小试牛刀。

本人一向视菜谱的翻译为畏途，诸如中国菜里的"龙虎斗""凤爪龙袍"，翻译给外国人听，常常令他们不知所云，而把没吃过甚至没见过的外国菜肴名字译成中文，错讹一定难免，也只好贻笑大方了。

2020 年 3 月

赵克非

致读者

　　对胆识过人的读者，两位作者想提个醒：就阁下的优美身材而言，这本书有危险，甚至会造成灾难！本书不以任何饮食习俗（排毒式饮食体系，以谷物为主的饮食体系，日式以吃海藻为主的饮食体系，等等）为参考，而在任何一个有教养的营养学家看来，这都永远只能是一本引发争论的书。

　　所以，读者最好永远食用全脂奶（尤其是稍微经过加工的鲜奶），吃散养鸡下的蛋（散养母鸡会跑到地里去啄食谷粒，不会总是待在鸡食槽子旁边），吃在正规肉店里买的本国产的肉（由性格暴躁的屠夫助手宰杀的更佳）；如果在鱼店里买鱼，港口鱼市更好；最好吃在菜园子里或阳台上采摘的绿叶蔬菜；最好只用盖朗德盐场的盐，往菜上撒那么一点点即可；最好永远不要把静态热和循环热搞混；最好记住，苹果、梨、西红柿，不都是滚圆的、亮晶晶的、硬邦邦的，带泥的土豆比干净的、放在小袋子里的土豆能存放得更久；最好花钱买一把好用的削皮刀、一块耐用的切菜板和一把上好的菜刀；待客或家庭聚餐，最好用大盘子上菜，避免使用好几个小碟子，小碟子虽然漂亮，但菜品很快会变凉；最好选定吃哪种小洋葱头，是吃灰白色的洋葱头（格扎维埃吃的那种），还是吃粉红色的洋葱头（马里翁吃的那种）①；自动化家用器具也要选好，格扎维埃用的是凯膳怡公司的，而马里翁用的却是凯膳怡公司的最大竞争对手凯伍德的；IGP②，AOC③，AOP④等品牌的葡萄酒，跟有机葡萄酒一样好，有时甚至更好；要拥抱"多神教"，肥牛肉，肥猪肉，猪油，都是神；用来烤土豆片的平底锅，上面的油渍永远不要去掉；最后，也是

<hr>

① 既然在餐桌上永远不宜谈论政治、健康、宗教和仆役，这里提供一份准确的资料，以助谈资。据本书两位作者之一——哪一个？——的说法，在这个问题上，法国人分三派：野蛮派，食用洋葱和粉红色的洋葱头，这就像喝一种用卢瓦尔酒和勃艮第酒调制的鸡尾酒，或者把鹅肝和松露混到一起；温和的中间派，食用葱头和大蒜；文明派，食用灰白色的洋葱头和大蒜。——原注

② IGP 地区餐酒（Indication Géographique Protégée），欧盟分级中用来逐渐取代 VDP（Vin de Pays），通常产区比 AOC 产区的范围大，允许栽种非传统的品种，单位产量的限制也较为宽松。

③ 全称是 Appellation d'Origine Controlée，法定产区葡萄酒。法国加入欧盟后，于 2009 年 8 月融合了欧盟农产品保护及质量控制体系，AOC 变更为 AOP，即 Appellation d'Origine Protégée（Protégée 为"保护"之意），现在 AOC 也同时在被使用。

④ 欧盟原产地命名保护的标志，欧盟成员国生产的农产品，如高级橄榄油、水果、蔬菜、奶制品等都有这个标识。

最重要的，是要彻底清洗厨房，从地板到天花板（尤其是天花板）。看完我们提出的种种建议之后，就请去清洗，清洗，清洗。重要的事说三遍。

虽然我们已经做出了这样善意的提醒，但若因为"烹饪不正确"而出现了不如意的情况，我们两位作者乐于接受垂询。

尽情狂欢吧！

目录

引言

　　一切都是从圭亚那开始的。前后共两次。首先，因为我们是在那里相遇的。或者更确切地说，我们是在那架把我们两个人带去参加一个研讨会的飞机上相遇的；研讨会由我们共同的朋友鲁道夫·亚历山大组织，于马罗尼河畔圣洛朗自由公社创办 50 周年之际召开。研讨会上，马里翁要谈的是苦役犯，而格扎维埃要谈的，是圭亚那首任总督罗贝尔·维尼翁。

　　表面看来，我们的差异很大，风马牛不相及。马里翁是东部人，格扎维埃是西部人；一个说"tantôt"，意思是"过一会儿"，另一个说"tantôt"，意思是"午后"；一个是具有现代主义思想的史学家，每年的 6 月 18 日都要哀悼（因为滑铁卢的战败），另一个是研究中世纪艺术的史学家，追逐雕塑在墓石上的死者卧像。但我们很快就发现，两个人有一项共同爱好，那就是厨艺、美食和烹饪史。也许，一个人的祖父是屠夫而另一个人的祖父是面包师这一点，在冥冥中决定了两个人的接近。

其次，因为格扎维埃很长时间以来一直在想为罗贝尔·维尼翁写一部传记（一件时不时想起而最终总被推后的事）。一天，他正在翻阅总督的档案，或者准确地说，正在翻阅维尼翁当市长时的档案时，突然发现了一份资料，讲述的是雅克·希拉克的一次奇特旅行。希拉克时任总理，来圭亚那马里帕苏拉过圣诞节。这一次，给他上的菜肴有……鬣蜥。

格扎维埃把自己的发现告诉了马里翁。马里翁是位多产作家，脑子里时刻都有写一本书的想法，有时会有好几个想法，有的想法还很有意思。那么，两个人为什么不合作撰写一本烹饪史的书呢？什么？对，撰写一本探究历史上的厨艺和食品制作方法的书，借助从来不曾有人研究过的菜单，将食品制作方法一一道来。这其中有个别出心裁、非常新鲜、从来没人动过的念头，也有些需要"分析"的尘封和禁阅档案的内容，说得确切点，是有些需要用外行语言去探究的内容。这是一件令人振奋的事。

从激烈争吵（格扎维埃很特别，他的时限概念弹性非常大。必须指出的是，他是研究中世纪的专家，而在中世纪，有时在同一年里会出现两个三月份；而马里翁是个具有现代主义思想的历史学家，掌握的资料有时把相关事件的时间准确地写到小时，他一丝不苟，几乎像钟表一样精确），到和好如初，从研究档案到试验再到下厨，这本书就写出来了。

想法很简单：从感恩节的火鸡到路易十六的猪脚，从雅克·希拉克（又是他）对小牛头的癖好，到亨利四世对炖鸡的青睐。很多历史时刻，很多重大政治决定，都是与一道菜肴联系在一起的。有的时候，精心安排一场宴会，明明白白就是为了便于双方或几方打交道。于是就有了"冒失鬼"夏尔举办的野鸡宴，或由电视直播的某国的国宴。有的时候则相反，因为环境所限，逼出了一道菜，比如为给一位不肯离开牌桌的部长充饥而发明出来的三明治，或是马伦戈战役时给拿破仑准备的番茄蘑菇烧仔鸡。

我们选取了50道菜肴，每道菜肴都以自己的方式创造或改写了历史。选起来挺复杂的，甚至是困难的，因为必须找到被遗忘了的菜单，通过菜单，可以知道什么时候请的客，都请了谁，吃了什么菜，就能找到一些端倪，从美食和事理方面做出评论。我们在法国搜集资料，第戎就有很了不起的藏品，我们在那里的海军造船厂图书馆里找到了萨德侯爵的卷宗，里面有他的订餐单，还去了凡尔赛市的图书馆。我们也去国外搜集资料，去了藏有浩瀚文卷的纽约图书馆与华盛顿国会图书馆的藏书库。必须对找到的东西分类整理，严格筛选，取舍之间常常让人感到为难。很多菜谱就这样被放到了一边。有一个根本之点是我们一直遵循的，即所选的菜肴，其制作方法必须是可操作的，在21世纪初的家庭厨房里能够容易被做出来的。对，所选的菜肴都容易制作，但有一道菜除外。

对于每道菜，我们都要讲述与它有关的故事，即让这道菜出了名的那个事件。有时，故事是读者熟知的，有时则不然，但我们希望那个故事能够满足读者的好奇心（什么是尚不为人知的？猫王能请披头士乐队吃什么？）。对每一道菜，我们都要给出专家级的权威意见，拿出我们自己设计的制作方法。我们给出的方法要尽可能地和原来的方法相近，但又能和今天的烹饪方式相适应。这往往就要求我们做出进一步的研究，要比对菜品相关事件的研究更加细致。

希望这本书能激发大家对历史的兴趣，以便让您的当代客人获得舌尖上的更好地享受。

除非有特别的提醒，这本书里设计的菜肴都是供 6 个人享用的。好奇的或是稍微有些困惑的读者可以在本书正文后找到一份附录，借助这份词汇表找到那些偶尔略显费解的烹饪术语。

1 皇帝的绯鲤

约公元 25 年

塞内加性格古板，不招人喜欢，经常批评他的同代人过于喜爱美食。罗马共和国刚一结束，皇帝的近臣就都讲究起来了；对于这一点，有人赞扬，也有人喝倒彩。如果说艺术保护者梅塞纳体现了皇帝的强健体质，马尔居斯·加维于斯·阿比修斯所代表的，就是帝国的种种罪恶的放纵。一天，他不顾晕船的毛病，让人租了一条船前往利比亚。吸引他的是那里有名的龙虾，他听人说，利比亚的龙虾是地中海最好的。船快靠岸的时候，被阿比修斯出名的慷慨豪爽吸引来的渔民，把他的船团团围住，向阿比修斯兜售自己最好的龙虾。可是，在看到这种甲壳类动物的样子后，阿比修斯大失所望，调转船头就回去了，连岸都没上。

　　无节制地追求这种口腹之欲乐趣的，不只是一个阿比修斯，在罗马，阿比修斯还要面对可怕的竞争。最厉害的竞争对手是皇帝奥古斯都的一个远房亲戚，一个叫普布里乌斯·屋大维的人。塞内加讲了如下一段轶事，在这件事里，提贝里乌斯皇帝占了便宜：

一条 4 斤半重的绯鲤……被送到提贝里乌斯皇帝那里去了。皇帝让人把鱼拿到市场上去拍卖，说："朋友们，买主到底会是阿比修斯，还是普布里乌斯，我还真拿不太准。"拍卖开始了，普布里乌斯胜出，得到了殊荣，花 5000 罗马小银币买到了皇帝卖的一条鱼，一条连阿比修斯都没敢买的鱼。

皇帝周围的人在烹调上激烈攀比，得到了皇帝的鼓励，而这种攀比甚至还是其权力的根基之一。此事揭示出，类似的争强好胜古已有之。今天当我们看到有人出高价买阿尔巴当年出产的个头最大的白松露，不是为了自奉，只是为了确保它不会落人竞争对手囊中，就以为这种现象为我们这个时代所特有，是不对的。

不过，阿比修斯可不只是一个醉心于追求这类东西的人，他更是个手艺精湛的大厨，是厨师中的标杆式人物。记录罗马菜肴制作法的一部重要图书《论烹饪》，就是在阿比修斯的支持下写成的。这本讲罗马烹饪的书，编纂工作着手较晚，大约到公元400 年前后才被编辑成书。所列食材，种类繁多，令人叫绝，猪身上无处不佳，其他动物亦然，诸如孔雀、天鹅，或火烈鸟。书中屡屡提到一种叫加乐姆的调味品，那是一种用腌鱼制成的调料，与尼斯的鳀鱼酱差不多，和越南的鱼露相仿，在西红柿和以西红柿为原料制成的沙司面世之前，加乐姆一直是做菜的基本调料。书里特别提到绯鲤的烹制方法，让人想到那次失败的竞拍。

有面包和马戏就行了吗? 不行, 得有鲜鱼和佳酿。

阿比修斯绯鲤

两尾上好的绯鲤，或两尾鲂鱼鱼，或一条鲈鲉

1 汤匙橄榄油

1 个洋葱

1 汤匙胡椒粒

1 汤匙苋蒿粒

1 汤匙芹菜碎

1 汤匙百里香叶末

2 汤匙阿尔布瓦黄葡萄酒

1 汤匙酒醋

1 汤匙加乐姆（无加乐姆时，可用尼斯鳀鱼酱或越南鱼露替代，效果完全一样）

1 汤匙面粉

把鱼放到盘子里，抹上橄榄油。预热烤箱，温度调

至 200℃。

把鱼放进烤箱，烤 15 分钟。利用这段时间，把洋葱切碎，然后倒进臼里，再加入胡椒粒、苋蒿粒、芹菜碎和百里香叶末，一起捣碎，直到变成融为一体的糊状物。这时再加酒、酒醋和加乐姆，接着捣，直到捣成的沙司看起来均匀光滑。先用微火预热平底锅，再把沙司倒入，用中火继续加热，加入筛过了的面粉，用羹匙搅拌，直到沙司能在羹匙上挂住为止。如果沙司凝结成块儿了，可用搅拌机快速搅拌，使沙司恢复原状。需要的时候，调节咸淡。

最后把鱼脊肉盛到几个预热过的小碟子里，洒上一层沙司。

2 意大利千层面？
对，不过是馄饨面

13 世纪

如果说有件什么事，其历史事实和我们的认知迥异，那这件事就非面条莫属了。跟一般的说法相反，欧洲人吃面条，根本不用等马可·波罗把它从东方带回来。不错，西红柿是到16世纪才传入欧洲的，但在此之前，做面条的很多主要成分都已经有了，基础已经打好。在阿比修斯的《论烹饪》里，我们找到了意大利千层面的制作方法（和面时加入加乐姆）。12世纪，英格兰王国的一位厨师首倡，制做千层酥不用油炸，而是用面片把小肉丸子包好，放到开水里煮。欧式饺子、馄饨就这样诞生了。

　　表面看来，这种吃食很简单，但面食却并未因此就成了只有老百姓才吃的饭食。这种食物在王公们的饭桌上也能看到。13世纪，腓特烈二世（1194—1250），就是那位文雅的神圣罗马帝国皇帝，把宫廷设在了那不勒斯。他把来自意大利半岛以及法国的一大批艺术家招到宫廷里，命令他们把罗马式的宏伟和哥特式的细腻协调起来。腓特烈二世喜爱文学艺术，同时也享受生活的乐趣，他自己动手，或者让别人代笔，写了几部跟自己的爱好有关的书，其中就有关于打猎和厨艺的书籍。

腓特烈二世写的那本关于厨艺的书，把记忆中的罗马的豪华和来自法国的奢侈结合到了一起，还透露了他本人是个爱吃面食的人。但书中本道料理做法比较复杂，还说吃这种东西能使人强壮，就像这种令人惊奇的意大利圆形馄饨千层面所证实的那样。

意大利圆形馄饨千层面

1 卷半水酥油面团，可在商店里买到

或：190 克黄油

1 撮盐

375 克面粉

2 个蛋黄

400 克新鲜的意大利千层面

或：200 克面粉

2 个鸡蛋

到商店里买 10 个馄饨

或：100 克面粉

1 个鸡蛋

25 克帕尔马火腿

100 克瑞可达干酪

1 个蛋黄

1 米（或 1 公斤）刀切红肠

200 克带乳清的马苏里拉奶酪

2 个鸡蛋

200 克意大利烟肉

1 汤匙四合香料

50 克帕尔马干酪碎

　　和水酥油面团：把黄油切成块，用手指将黄油块捻碎，和盐与面粉混到一起。将面粉堆成中间凹的小山状，把蛋黄倒入，一点点和在一起，需要的时候加点水或面，把面和成软硬适度又有弹性的面团。然后把和好的面拿出三分之二，擀成圆形。如果有兴趣，可以用剩下的面（或从商店里买回的半卷面）做只小鸽子，或一条小蛇。

　　做千层面：将面粉堆成中间凹的小山状，把蛋黄倒进去，搅拌揉面，到软硬适度完全不粘手为止。放到一边醒发 30 分钟，然后用压面机压成最薄的薄片，再切成 20 厘米长的面条。

做馄饨：将面粉堆成中间凹的小山状，把一个整蛋放入，搅拌揉面，到软硬适度完全不粘手为止。放到一边醒发 30 分钟。利用醒面的时间，把火腿切碎，拌到瑞可达干酪和蛋黄里，制成肉馅。将和好的面放进压面机中或用擀面杖手擀，把面压得尽可能薄。把压好的面放一半在案板上，将 1 咖啡匙肉馅一个一个摆到面上，间隔均匀，摆成两行，然后再把另一半面拿来盖在上面。轻轻按压，使两片面皮贴合，尤其要收紧馅料边缘，然后用轮状刀切开，馄饨就制作完成。

把烤炉预热到 180℃，旋转温。把红肠放到一个烧得很热的平底锅里干煸，直到两面焦黄为止（每面大约需要 5 分钟）。在高边模具上铺一张锡箔纸。将红肠沿着模具内圈码好，码成一个圆圈。把已经和好的水酥油面（记住，是三分之二）放进模具底部预留出来的地方，沿着红肠内边放好，最后再把红肠盖住。把马苏里拉奶酪的乳清保存好。将两个鸡蛋放到开水里煮 8 分钟。然后把马苏里拉奶酪、意大利烟熏肉、去了壳的煮鸡蛋和四合香料放一起，切细切碎。在擀薄了的面片上先码一层意大利千层面，再码上三分之一的肉馅，最后再码上三分之一的馄饨。然后按照这个顺序再码两次。用一层意大利面盖住。把乳清洒在千层面上，乳清带的水分足够烹饪时所需。撒上帕尔马干酪。把和好的水酥油面的上部折起来封口，做成圆馅饼的样子。把面鸽子或面蛇放到上面。放进烤箱，烤 20 分钟。

出炉后晾 5 分钟。将意大利圆形馄饨千层面从模具里取出，即可隆重地端上餐桌！

锅底絮语

千万别听答尔丢夫①一类形形色色伪君子的说辞，他们是打着圣言的旗号，为自己在饮食方面的吝啬行为开脱。撇开像埃利和让·勒·巴蒂斯特那样的几位喜欢吃炸蝗虫的先知不说，《圣经》里大部分有头有脸的人物，在被邀请到酒席和宴会上的时候，也都总是"笑逐颜开"的。如果仔细阅读《圣经》作者们的文章，你会对他们用在饮食方面的心思感到吃惊。从创世的头几天起，为了不让亚当和造出来的那些动物饿死，上帝就表现出了令人惊愕的远见（神意的现代说法）。在创世的第六天，上帝就说出了最早的饭前祝福经："我将遍地上一切结种子的菜蔬，和一切树上所结有核的果子，全赐给你们作食物。"（《创世记》1：29）显然，会有人提出异议，说上帝真正的意思是，人须茹素……作为普世和平与幸福保障的亚当和夏娃，一直严格实行着"伊甸园正确"的饮食制度：这样说，是在做梦。

这个梦做的时间不长，因为，从下一代起，兄弟之间就开始了手足相残的流血斗争，人和人之间的一切关系都充满了暴力，到

---

① 莫里哀喜剧《伪君子》的主人公。——译者注

了使人大倒胃口的地步。这样一来，上帝就不得不出面来整顿：洪水的大清洗和诺亚的拯救之后，"新烹饪法"出台了，以肉食为主的饮食制度得到了许可："凡活着的动物，都可以作你们的食物、这一切我都赐给你们，如同菜蔬一样。"（《创世记》9：3）简言之，小菜豆烧羊腿或胡萝卜炖牛肉的发明，是烹饪方面的一大进步，遏制了人类暴行的爆发。尤其是，多亏诺亚此人，从此以后，节日的饭桌上有酒了。一开始，出现了一些最好能遮掩过去的不堪入目的醉酒场面，不过此后人们就懂得需要制订食谱：生菜沙拉当头盘，肉和蔬菜当主菜，喝标有年份、用……诺亚方舟橡木做的酒桶窖藏的年份好的葡萄酒，那是多大的乐趣啊！

继续阅读《旧约》才能发现，上帝在每顿饭、每次出人意料的邀请中，是如何起作用的，比如亚伯拉罕为三位客人在慢利橡树荫下摆的那桌宴席（《创世记》18）。亚伯拉罕的客人是前来向他作许诺的，许他儿孙满堂，让他喜出望外。因此，这天就很值得举办一场宴会，比为了得到巴黎而去望一场弥撒更加划算①。在有继承人要出生的时候，吃用凝乳烧制的小肥牛肉，配上在烧

---

① 法国国王亨利四世的名言："望一次弥撒就能得到巴黎，这弥撒值得去望"。法国宗教战争后，原来信新教的亨利四世改宗天主教，进了巴黎。

得滚烫的石头（我们今日所用面包烤炉的祖先）上烙的饼，就成了后来所有洗礼和初领圣体饮宴的雏形。此外，即将出生的继承人的名字也不是随便起的："以撒"的意思是"上帝笑了"或"上帝把我逗笑了"。有天使和上帝陪着，有吃有喝又有笑的宗教，太美妙了。

犹太人的传统并非死气沉沉，根本不像有人拼命让我们相信的那样。还有什么会比复活节的盛宴更让人高兴和快活的吗？圣礼宴中每上一道菜，仪式中都洋溢着在埃及时从奴役中被解放的欢乐。根据犹太人的信仰，饮食标出人类历史的节律，而一个民族从来都不腹内空空地来庆祝自己的历史。

如果看《新约》，那种烹饪和饮宴方面的奢华更是不可思议！你最终会忘掉某些已经得了精神胃溃疡的耶稣同代人对他的严厉谴责："这个人接待罪人，又同他们吃饭。"（《路加福音》15：2）他们很难接受这位反习俗的拉比和一些生活堕落的男人（还有女人）来往，更难接受他跟他们一起吃饭！那些人认为，这是不能容忍的丑闻，可他们忘记了，上帝恰好是舌头和胃的创造者，也忘记了"从外面进去的，不能污秽人"这句话（《马可福音》7：15）。这句带有根本意义的开场白，对于所有的食品来说都是大救星，即使快餐这种"垃圾食品"有可能败坏人的生活乐趣，由高勒米罗美食指南推荐的餐厅，却依然虔诚地谨遵耶稣这个教导，并"付诸实践"。

到了耶稣要离开这些他如此怜爱的人，让他们明白他对他们每个人都抱有那种难以理解的脉脉温情时，他安排的也是一场仪式讲究的晚宴。当然，为了使这种做法成为不变的习惯，他没选最美味的食材，例如烤羔羊和芳香科植物，只选用了面包，说"大家吃吧!"这是当时的基础饮食，非常"民主"，就是地中海人吃的那种，从荷马的时代起，地中海人就说自己是"吃面包的人"。不过，耶稣还选了酒，说："大家喝吧!"显然，酒是节日的象征，是贵族们聚会欢宴时喝的饮品，也是他们之间结成生死同盟时的必备之物。

3 十字军东征路上
的杏仁露米布丁
1248 年

公元 1248 年，路易九世还在世的时候，就已经有人认为他可以封圣，而他也不想让那些人失望，乃着手准备进行第七次十字军东征。对，已经是第七次了……同行的还有他的两个弟弟，一个是阿图瓦伯爵罗贝尔，另一个是普瓦捷伯爵阿尔方斯。路易九世在森斯停下来，小兄弟会修士正在那里开教务会议。小兄弟会是在那个世纪初由阿西斯的圣方济各发起成立的，法国国王和修会关系密切。当时的巴黎诗人吕特伯夫责备国王，说他把王国变成了修会的下属："修会成了掌管一切的主宰。"

专程来到这里的意大利方济各会修士萨兰贝内，为我们描述了路易九世到来的盛大场面。路易九世脱下王袍，换上修士服。"修士服，"萨兰贝内写道，"使国王大为增色。"国王甚至以步代辇。欢迎仪式之后，修会在修道院的食堂里设宴款待国王路易九世。他在宴会上的吃食并不丰盛，就像已经发过贫修愿的教士应该吃的那样。

不过，中世纪虔诚的微妙之处就在于，所谓的并不丰盛，并不意味着粗茶淡饭：

首先上的是……樱桃，然后是雪白的面包，大量质地上乘的美酒……接着上的是用牛奶煮的新鲜蚕豆，鱼、蟹、鳗鱼馅肉饼，用杏仁露和肉桂煮的米饭，浇汁美味烤鳗鱼，圆馅饼，鲜奶酪，还有大量水果。

换句话说，就是如何用杏仁露代替牛奶，使东征路上不因素食而忽略了品尝佳肴的乐趣。

杏仁露肉桂煮米布丁

到商店里买 1 升杏仁露，或 150 克生杏仁

100 克圆粒米，或者是意大利阿皮罗米，最好是卡纳罗利米

1 咖啡匙肉桂

100 克糖（如果奶是加了糖的话，75 克就够了）

准备杏仁露：将杏仁洗净，放在注满水的生菜盘里浸泡一整

夜。然后将杏仁再洗一遍。在搅拌机里加 1 升水，与杏仁搅打。用筛绢或小漏斗过滤杏仁露（放在阴凉处保存一个礼拜）。

烧一锅开水。把米放进去，烫煮 3 分钟，然后将米沥干。将杏仁露和肉桂倒进一只锅里，烧开。加入糖和米，煮 30 至 40 分钟，隔一段时间用小木勺搅动一下。放置温热或冰凉时吃均佳。

4 象征对抗土耳其
苏丹的野鸡

1443 年

1453 年 5 月 29 日，在抵抗穆罕默德二世进攻、保卫首都的战斗中，巴列奥略王朝的康斯坦丁十一世战死在君士坦丁堡的城墙上，他死得十分壮烈。君士坦丁堡变成了奥斯曼帝国的新都，此后土耳其人被西欧国家视为主要的威胁。一年以后，1454 年 2 月 7 日，被称为"好人菲利普"的勃艮第公爵在里尔举行盛大宴会，款待他的拥趸。按照当时的习俗，席间音乐、歌曲和独幕剧穿插上演，愉悦宾客。宴会上的一道菜，从此出了名。

　　一个大个子，身边跟着一个代表教会的姑娘，走在典礼官前面，手里拿着一只活野鸡，脖子上挂着一串宝石和珍珠项链。按照当时的习惯，这个大个子被称为金羊毛传令官。他身后跟着两名年轻的姑娘，两名金羊毛骑士团骑士陪在她们身边。大个子把野鸡献给公爵，公爵递给他一张羊皮纸，并发誓要完成羊皮纸上面写着的事项。马修·德·埃斯库希，就是那位把这次的盛大宴会记录下来的编年史学家，准确地记下："这是公爵发下的誓愿，他要以自己的血肉之躯，去保卫基督教信仰，反抗苏莱曼一世的大逆不道。"可是，后来"好人菲利普"利用法国国王和奥斯曼帝国皇帝之间的对抗，纵横捭阖，忙于建立他自己的西大公国，并没有践行他发下的誓愿。

不过，这位大公的目的，可能不是要以这样一种戏剧性的方式宣布他要和土耳其人作战的誓愿，而是向把他的领地夹在中间的两个国家展示力量。在这一点上，他取得了圆满成功。他凭意志给人留下了深刻印象，和（慎重的）路易十一以及哈布斯堡王朝的弗雷德里克装出来的小心谨慎形成对比。

这次宴会上，大家吃的是什么呢？反常的是，有些菜品越是出名，越是找不到菜谱。不过可以推定，在当天的菜肴里，野鸡占有重要的一席之地，这也许是当时收集菜肴最全的《泰尔冯食谱全集》中最尚武的一道菜了："带甲的"野鸡和孔雀。

"带甲的"野鸡和孔雀

　　两只"带甲"（用肥肉片包起来）的野鸡（买肉的
时候可以让肉店老板帮忙包好）

　　盐

　　胡椒粉

10 粒丁香（调味用）

100 毫升玫瑰露

100 毫升酒醋

8 粒小豆蔻

肉豆蔻

2 汤勺多一点肉桂

18 头小个儿的洋葱

200 克磨成粉末的糖

把烤箱预热，达到 220℃，旋转温。

把野鸡内膛抹上盐和胡椒粉，然后放到烤箱的烤架正中，下面放上滴油盘。烤制 15 分钟之后，在每只野鸡上戳 4 个孔，各塞 1 粒丁香（调味用），将野鸡翻转。往滴油盘里的烤肉汁中加玫瑰露、酒醋、小豆蔻、两个磨碎了的丁香、一点儿肉豆蔻和一点儿肉桂。再把野鸡连同佐料烤 15 分钟。利用这段时间，把小洋葱放到锅里，放上糖，加两汤匙肉桂，用文火浸煮。把野鸡从烤箱中拿出来，切成块儿。将汤汁用筛绢或小漏斗过滤。

在 15 世纪，厨师要先将两只"带甲的"野鸡端上来给客人看。要想学那些厨师的样儿，你得把其中的一只野鸡头部、脖子和尾巴上的羽毛拔下来，最好再拔下一只孔雀头部、脖子和尾巴上的羽毛，将第二只野鸡进行一番"伪造"，就这样把两只野鸡端到客人的桌子上，让客人过目，然后才能拿回厨房切开。加油，或者说祝君好运。

5

奥古斯丁教派的三日大宴

1450 年

从前，托农附近有个供猎人途中休息的地方。后来，萨瓦的公爵们把这个地方变成了一个最令人喜爱的住处，并不停地对其进行扩建；这里还有一个奥古斯丁教派的隐修院。15 世纪的生活就是如此。这处原为隐修院的宅邸保留了原来的名字，就变成了里帕伊城堡。阿梅代八世，不管他后来如何反对教皇，却一直喜欢在这里吃，在这里喝，在这里举行盛大宴会。他的厨师希卡尔师傅在食谱《烹饪技巧》里讲到过其中的两次。《烹饪技巧》是个手抄本，是他口授给普罗旺斯的一个公证人的。这就给我们留下了一些蛛丝马迹，至少是部分的蛛丝马迹。因为希卡尔师傅是位大厨，一切送到嘴里的东西，从汤到烤肉，都由他管，但从饭桌上撤下来的剩菜之类的东西，他就不管了，那属于糕点师的管辖范围。

　　宴会饭菜之丰盛，很容易让人明白，"里帕伊"这个词为什么会成为日常用语。其中的一次宴会至少连着吃了 3 天，需要"100 头牛、130 只肥羊、120 头猪。每天还需要 100 只小猪，以备烧烤和做其他菜品使用"，还需要羔羊、野味、鱼，以及海洋哺乳动物，比如一头淡红色的海豚。至于穿插在每道大菜之间的甜食和菜肴，即在载歌载舞的轻松时刻要被端上桌的食物，希卡尔师傅造起假来毫不犹豫。他会把一些动物变成别的动物，使之更惹人注目，比如鹅摇身一变成了孔雀。不过，咱们这位大厨却并不以饭菜丰盛为满足，他还要把菜做得特别精致。未来的菲利克斯五世就品尝过一道希卡尔师傅做的石鸡，做法特殊，今天的饭桌上已经见不到了。

烧石鸡

    6 只带内脏（心、砂囊、肝）的石鸡

    黄油

    6 片白面包

    500 毫升牛肉汤

    125 毫升白葡萄酒

    125 毫升酸葡萄汁（或者用 80 毫升苹果醋兑 40 毫升水代替）

    1 咖啡匙姜粉

    1 咖啡匙肉桂

胡椒粉

肉豆蔻

肉豆蔻树皮

磨成了面的丁香

1 咖啡匙糖

盐

把烤箱预热到 200℃。

将石鸡内脏烤制 10 分钟。用一块核桃大小的黄油烘烤石鸡 20 分钟。烤面包片。把牛肉汤、白葡萄酒和酸葡萄汁混合到一起。把烤好了的面包在肉汤里浸一下。把内脏放在臼里捣碎，倒入汤中。在牛肉汤里加姜粉、肉桂、一点儿胡椒粉、一点儿肉豆蔻、一点儿肉豆蔻树皮和一点儿磨成面的丁香调味。搅拌均匀，煮至沸腾，加糖，再煮 5 分钟收汤，尝尝咸淡，需要的话加点儿盐。把做好的调料汁用细筛绢过滤。

割下石鸡的嫩脯肉，和分开放置的调料一起端上餐桌。

6 新大陆，新菜肴
1500 年

可能已经有人发现，在中世纪的菜肴里很少出现蔬菜的身影。必须要说的是，蔬菜号称穷人的饭食，是农民食物；农民以地里产的东西为食，而精英们吃自己打来的猎物。到了 16 世纪，情况就不是这样了。原因颇多。

当然，这诸多因素里就有西班牙人和葡萄牙人殖民美洲。美洲殖民地给欧洲、亚洲和非洲的饮食增添了某些食材，没有这些食材，今天我们不会知道西红柿和玉米是什么样，当然，也不会知道什么是木薯，更不会知道土豆、茄子、辣椒这些茄科植物和胡椒，葡萄牙商人日后会把这些东西带到印度和中国。另外，随着 1442 年阿方索五世征服那不勒斯王国，加泰罗尼亚和意大利半岛之间的联系加强了，蔬菜丰富的加泰罗尼亚饭食受到了特别的青睐。面对这样的竞争，意大利厨师从加泰罗尼亚同行那里受到启发，也接受了其他欧洲国家餐饮的影响。

在意大利厨师中，最引人注目的可能就是巴尔托罗梅奥·斯卡皮了，他早年是罗伦佐·坎佩齐奥的厨师，为坎佩齐奥操办过几次宴会，最重要的当属 1536 年欢迎查理五世的宴会，然后就是欢迎教皇庇护四世和庇护五世的宴会。1570 年，他写成了《烹饪艺术》一书，书中汇聚了他所有才学。斯卡皮对什么都好奇，他成了融合厨艺的鼻祖，使用来自新大陆的食材，并从德国犹太人的烹饪方式中得到启发。他用来自新大陆的蔬菜或火鸡，在欧洲烹制出一流的佳肴。事实上，他是从中欧的犹太人那里得到烹制填鹅鹅肝灵感的，第一次将鹅肝端到了国王的餐桌上。鹅肝可能就是从 1536 年举行的那次宴会开始出现在国王的餐桌上的。对斯卡皮来说，鹅肝就是一道烤肉，全部问题就在于如何在烹饪过程中让鹅肝挂在钎子上。

文桑托酒蜂蜜浇汁烤鹅肝

1 个重约 500 克的生鸭肝，或 1 个重约 700 克的生鹅肝

80 克面粉

1 咖啡匙盐

1 咖啡匙黑胡椒

1 汤匙蜂蜜

250 毫升甜味的文桑托酒或赫雷斯白葡萄酒

把肝脏放在冷水里浸泡 20 分钟。将烤箱预热到 180℃，旋转温。

将肝脏沥干。完整取出中间的静脉管。把面粉、盐和胡椒混合到一起，涂抹在肝上面。用大火将一只小锅烧热。把肝放进锅里，整个煎成焦黄。使肝上蘸满渗出来的油。盖上盖子，在烤箱里烤 5 分钟（鸭肝）或 7 分钟（鹅肝），即每 100 克须烤 1 分钟。在此期间，将蜂蜜和酒混合在一起，用文火加热耗掉水汽，让调味汁变得浓稠，直到能够挂在汤匙上为止。取出肝脏，揭开盖子，将调味汁抹到肝上，重新放进烤箱，烤 2 分钟，使调味汁变成焦糊状。

将鹅肝端上桌，配上单口调味汁小瓶。若能配以蒸熟的白菜叶，就十全十美了。

7 布丁大军中的最高统帅
1580 年

在 15 世纪到 16 世纪期间，法兰西、英格兰和苏格兰诸王国，国运多舛。这首先是由战争造成的，战争使这几个国家一时间失去了它们在西欧政治经济格局中的领先地位，让意大利各城邦、年轻的西班牙和弗兰德占了先机。1485 年，兰开斯特家族在玫瑰战争中获胜，建立都铎王朝，开启了一个比较平静的时代。16 世纪中叶，甚至似乎出现了一种新的平衡。

1542 年，才出生 6 天的玛丽·斯图亚特成为苏格兰女王，她也是个有权提出继承英格兰王位要求的人，因为她是英格兰国王亨利八世的姐姐玛丽·都铎的孙女。法兰西国王亨利二世在自己的王宫里接待了这位稚嫩的女王，用自动给予住在法兰西王国的苏格兰人以法兰西-苏格兰双重国籍的办法，加强了老同盟关系。时光流逝，王储弗朗索瓦于 1548 年和年幼的苏格兰女王订了婚，然后又于 1558 年 4 月迎娶了这位女王。6 个月之后，英格兰女王玛丽一世驾崩，法兰西国王亨利二世为自己的儿媳出头，要求让她继承英格兰王位。1559 年 7 月，国王亨利二世驾崩，接着，继承亨利王位的弗朗索瓦二世也于 1560 年 12 月晏驾。两位国王的相继辞世，终结了这场将三个王位集于一人之身的美梦，玛丽于是回归苏格兰。

玛丽·斯图亚特女王对男人的癖好，和她表妹伊丽莎白一世女王出了名的贞洁形成强烈对比，这使得她的名望在清教徒习俗日盛的苏格兰黯然失色，最终导致了她于 1567 年退位。但是，她在位的 15 年，也标志着苏格兰王国文化的繁荣时期；在这 15 年里出现了许多元素，后来都变成了这一时期的象征，高尔夫球就是其中之一。玛丽·斯图亚特可能在爱丁堡附近的穆塞尔堡打过高尔夫球，尽管在半个世纪之后这项运动才具有了现代这种形式。还有羊肚杂碎布丁。1430 年，人们在英格兰北部第一次提到这道菜，而到了 16 世纪，特别是到了 16 世纪 60 年代，这道菜就常常被苏格兰诗人们提起了。

正是在苏格兰玛丽女王的时代，羊肚杂碎布丁成了举国上下都爱吃的美食。不过，流传至今的围绕吃羊肚杂碎布丁的那套仪式，却是到了 18 世纪才形成的。那时，罗伯特·彭斯写了一首题为《羊肚脍颂》的诗，更重要的是，在纪念诗人逝世一周年的时候，他的朋友们把这首诗放到了菜肴中间。从那个时候起，这就成了一种不变的仪式，在每年 1 月 25 日举办的"彭斯晚餐"上，羊肚杂碎这位布丁大军的最高统帅就会在风笛声中进入餐厅。

就像吃所有用内脏做的菜肴一样，最好别去过多地注意菜里都有什么，而是去欣赏它的甘美滑溜、有点儿颗粒感的样子，以及那种微妙的辣味。

羊肚杂碎，配甘蓝和土豆泥

1 个羊肚

1 套羔羊内脏

500 克羔羊筋头下脚料（最好是蹄筋）

2 个洋葱头

250 克燕麦片

1 汤匙盐

1 咖啡匙新磨的胡椒粉

1 咖啡匙香菜末

1 咖啡匙肉豆蔻的假种皮

1 咖啡匙肉豆蔻末

500 克甘蓝

500 克土豆

胡桃般大的 1 块黄油

把羊肚洗净，放进开水里两面都烫一下，然后捞出，放到加了盐的冷水里浸泡一夜。

把羊羔内脏和筋头下脚料放入加满冷水的大号炖锅里，大火煮沸，再用文火炖两个小时。把内脏和下脚料捞出，剁碎，汤汁留下。把洋葱切成末。将肉、洋葱和燕麦片放进一个大色拉盘子里，混合到一起，加盐、胡椒粉和其他调料。在剁碎了的内脏和下脚料里加汤汁，搅拌，直到略呈颗粒状为止。装进羊肚，半满，缝结实了，再扎几个小眼，以免煮的时候羊肚胀破。把羊肚放进加了冷水的大号炖锅，大火煮沸，微火炖 3 个小时。甘蓝去皮，切成骰子大小的方块。土豆削皮，也切成骰子大小的方块。烧开一大锅水，将甘蓝放入，煮 15 分钟。加入土豆，再煮 15 分钟。捞出沥水，用捣菜泥器捣碎。加入那块胡桃般大小的黄油，放盐，放胡椒粉。把羊肚的水沥净，切开。

在每个碟子里都先放一块 9 厘米的糕点圈，圈里一半放菜泥，然后用羊杂碎填满。端上饭桌之前，把糕点圈撤掉。

8 农耕、放牧和炖鸡

1604 年

1598 年，为了登上法兰西国王的宝座，信奉新教的亨利四世发布南特敕令，皈依天主教，结束了把王国搞得支离破碎的 30 年内战。亨利四世由财政总管大臣马克西米利安·德·贝蒂纳（叙利公爵）辅佐，依靠农业重建国家。贝蒂纳有句人人皆知的名言："农耕和放牧，是法兰西的两个乳房。"为重建国家，亨利四世解除了对粮食交易的限制，取消了多项关税，进行了一些新的、旨在加速交通运输的基本建设（比如挖掘连接塞纳河与卢瓦尔河的运河），同时鼓励农民多生产粮食，增加对毗邻国家的粮食出口。比农耕和放牧更重要的，是那些农民，是那些自己有车马、为王国重新创造出财富的富裕农民，亨利四世没有忘记他们的功劳。

不过，波旁家族的第一位统治者在位期间，并非没有出现动乱和紧张局势，特别是在萨吕斯侯爵领地的归属问题上，和萨瓦大公国的关系非常紧张。萨吕斯侯爵领地是位于皮埃蒙和尼斯伯爵领地之间的交通要津。法国和萨瓦的这场战争持续时间不长，

1600 年 8 月开战，1601 年 1 月停火，但尽管国王取得了胜利，战争却是以一项双方都感到满意的妥协作为结束。其后数年间，国王和大公之间的关系一直非常紧张，似乎大公总要时不时地嘲笑国王几句，说王国虽然土地辽阔，却比萨瓦大公国更穷。

路易十四的家庭教师是阿杜安·德佩雷菲克斯，他撰写了一部关于亨利四世的传记，这部传记于 1661 年出版。根据传记，亨利四世那几句关于王国繁荣的名言，可能就是在萨瓦大公嘲笑他的时候说出来的：

> 大公在看到法兰西王国后，对国王说，他未能很好地欣赏到法兰西的壮丽和富庶，所以要请问国王陛下，从财政收入上来看，法国对国王来说所值几何。仁慈而机敏的国王答道："法国所值，跟我需要的一样，我想要多少，就值多少。"大公觉得这个回答不着边际，想逼着国王告诉他，对国王来说，法国究竟所值几何。国王重申道："是的，我需要多少，就有多少。因为，我既然已经得到了法国的民心，我就能从他们那里得到我所想要的一切；如果上帝假我以天年，我将会让王国里所有的农夫锅中都有炖鸡。"接着又补充了一句："诚然，我不会不留一笔钱供养一支军队，以便让那些敢于

挑战我权威的人就范。”大公没再说什么，不再深究了。

因此，在亨利四世晏驾半个世纪以后，“炖鸡”就与这位国王连为一体。国王亨利让王国农业富强确实可以与炖鸡完全匹配在一起。我们还要指出的是，国王亨利四世是个现实主义者，他没把炖鸡许诺给全体臣民，而是仅仅许诺给了农民，即进行农耕生产的人。

不管怎么说，炖鸡跟蔬菜牛肉汤成了一对好兄弟，是我们时至今日依然能够在法国餐桌上看到的古老菜肴，虽然在贤王亨利四世时代，餐桌上还没有土豆，因为那时法国人用土豆喂养牲口。

炖鸡（8人餐）

盐

胡椒粉

糖

1只带内脏（心、肝、胗）的2.5公斤重的肥鸡

白葡萄酒醋

350克巴约纳火腿

8 瓣大蒜

7 根胡萝卜

1 束香芹

200 克面包心

100 毫升牛奶

肉豆蔻

3 个鸡蛋

1 小棵绿甘蓝

2 个洋葱

4 个丁香

1 扎月桂百里香等调味香料

3 根萝卜

6 根葱

750 克土豆

几根醋渍小黄瓜

芥末

头天晚上，在鸡肝上撒上盐、胡椒粉和糖，放到一个小碗里，用白葡萄酒醋腌起来，放在冰箱里保存。

把鸡肝、鸡心、鸡胗、火腿、两瓣蒜、一根胡萝卜和香芹切碎。把面包心泡入加了肉豆蔻的牛奶里，拿出挤干，与那些切成碎末的食材混合在一起。再把鸡蛋一个个加进去，搅拌均匀。把甘蓝菜叶用开水焯一下。把这些切碎了的东西当作馅料塞进鸡肚子里，用厨用线将鸡屁股缝好。用甘蓝菜叶把剩下的馅料卷成肉卷儿，用线绑好。锅里放 3 升水，煮开（不放盐），把插满了丁香的洋葱、6 瓣蒜、1 扎调味香料、萝卜和鸡，倒进锅里。用小火慢炖一个小时，然后放入葱和 6 根胡萝卜，再加盐和胡椒粉调味，继续炖煮。一小时一刻钟以后，再把菜肉卷儿放进锅里接着再煮 25 分钟。这时要从锅里盛出点儿汤来，用这个汤把切成两半的土豆煮 20 分钟。与此同时，鸡要一直接着炖。

先把汤端上餐桌，然后再把鸡与同煮的蔬菜、土豆和菜肉卷儿端上餐桌，佐以醋渍小黄瓜和芥末。

9 关于五月花号、普利茅斯岩和几只火鸡的悲惨命运

1620 年

16 世纪，在路德和加尔文的信徒之外，又出现了许多新教团体，组织上比较松散，但戒律往往更严。莱茵河谷的再浸礼派教徒，跟大不列颠的清教徒一样，把人世间的恩惠看作上帝的礼物，并因此感谢上帝。他们通过禁食和祈祷，按时按节地赞颂上帝。这样的日子常常是规定好了的，为的是和一些事件准确地相呼应，有好事，也有不幸的事，有的是为了庆祝丰收，有的是为了纪念疫病。但是，从 16 世纪开始，一个特别的日子逐渐成了收获季节末期的大日子。

　　在英格兰王国，清教徒想把圣公会教堂里的天主教残迹清除干净。多数人希望这件事从内部做起，但有些人反对国家插手宗教事务；反对国家插手宗教事务的人不信奉国教，他们是英国的异端分子。异端分子中的一部分人先跑到了荷兰去避难，之后决定根据他们信奉的教义建立一个团体。1620 年 9 月，这些人登上了"五月花号"，11 月 11 日，船到达普利茅斯湾，停船上岸。在那里，他们恰如其分地举行了第一个感恩日活动。

但令我们感兴趣的感恩节却是在一年后才正式出现的。那年冬天酷寒。9月，120个人登船来到美洲，到1621年3月，即半年之后，只剩下50多人了。这些人能活下来，依靠的是当地万帕诺亚格人的帮助。万帕诺亚格人给了他们过冬的食物，还教会他们捕鳗鱼、种玉米。1621年9月底，玉米丰收，这些越洋而来的人们可以踏踏实实地迎接冬天了。于是，可能就是在9月29日前后，他们连续进行了3天感恩庆祝活动。感恩的对象不仅仅是上帝，还有上帝的造物，即帮助他们这些初来乍到的人得以活下来的美洲原住民。

100多个万帕诺亚格人跟50几个远道而来的人一起参加了庆祝活动。吃的东西很丰盛。那天他们吃了3头鹿，还有大量的野禽，其中有一种禽类，当时尚未被驯化，欧洲人也不认识，那就是火鸡。火鸡给这些英国人留下了特别深刻的印象。

火鸡是怎么做的呢？可能是烤的，不过没有沙司。为了纪念这个日子，如今美国人会在9月的第四个星期四感恩节这天吃火鸡，他们会配上一种能使火鸡的味道变得很特别的沙司。

感恩节的火鸡（10人餐）

　　1只5公斤重的火鸡，要喂谷物（最理想的饲料是

玉米）、散养的那种火鸡，带内脏

盐

胡椒粉

1 个柠檬

半个苹果

1 个洋葱

鲜百里香

迷迭香

干月桂叶

鼠尾草

香芹

50 毫升植物油

2 根芹菜

1 根胡萝卜

10 粒胡椒

200 克黄油

30 克面粉＋4 汤匙面粉

1 棵葱

1 个煮鸡蛋

把火鸡内脏保存好。切掉火鸡脖子和翅尖，保存起来。在火鸡上抹大量的盐和胡椒粉。

把柠檬、半个苹果、半个洋葱、百里香、迷迭香、干月桂叶、鼠尾草和香芹（把香芹末端留下）粗粗切一下，倒上油。把这些切好的食材当馅塞进火鸡肚子里。把火鸡脖子和翅尖放进一个炖锅里，加1升半水，烧开，撇掉汤沫子，改用小火，加进芹菜、胡萝卜、切成细丝的半个洋葱、胡椒粒、干月桂叶和香芹末端。煮两个半小时，让汤汁变稠。过滤并保存好汤汁。将85克黄油和30克面粉揉成团，然后用黄油面团使劲擦火鸡皮。把烤箱预热到220℃，旋转温。在大烧烤盘子里撒上4汤匙面粉，将火鸡放进盘子里，再把盘子放入烤箱中。用1咖啡匙水把115克黄油化开。40分钟后，把烤箱的温度调到180℃。将化开的黄油分为三份，将其中的一份浇在火鸡上，一共浇三次，每次间隔10分钟。15分钟过后，将烧烤盘子里的汤汁浇在火鸡上。15分钟后再浇一次。然后再烧20分钟，无需再往上浇什么，让火鸡皮变脆。从烤箱中取出火鸡，把火鸡从盘子里拿出来，静放30分钟。把烧烤时流出的肉汁收集到盘子里，用中火烧5分钟，不停地搅动，使之变稠。撇去过多的油。熬出来的汁应该是呈红褐色的。加进切成骰子大小的葱块，再烧一分钟。慢慢加火鸡汤，一边加一边搅拌，让汤保持微微烧开的状态。加入已经切成骰子块的内脏，用文火炖 15 分钟。把去了壳的煮鸡蛋捣碎，加进去，充分搅拌后，从火上拿开，尝尝咸淡，调整味道。

与浓稠的土豆泥和酸果蔓酱一起端上餐桌。

10 圣灵骑士团在巴黎赴宴

1633 年

1633 年 5 月 16 日，国王路易十三设宴款待圣灵骑士团骑士。关于这次盛宴，流传至今的就只剩下著名版画家亚伯拉罕·布罗斯留下的版画。在宴会中，他独据一桌，居高临下，俯视下面所有的餐桌。国王独自进食，美味佳肴络绎传来，堆满了他那张桌子。其余的桌子都是长方形的，骑士们坐在那里进餐，不会出现面对面的情况。骑士们面前，也都摆满了圆盘子。一个厨师在指挥上菜，菜品被大块织物盖了起来。第一道主菜摆在餐桌中心，周围都是冷盘。接下来，汤和主菜构成了第二个圆圈。整个宴会厅里庄严肃穆。自柏拉图的《会饮篇》起，人们就开始娱乐，享用美食。中世纪以来，人们在娱乐宴饮时还要遵守一套程式化的礼仪，总要做到井然有序，穿戴得体。在《儿童教育》里，伊拉斯谟本人都很迁就这套规矩。

　　可是，这套规矩具体是什么呢？如果你盯着那幅版画（可以借助网络查询，我们要充分利用 21 世纪的便利）看，把目光停留在坐在左边餐桌的第四个人身上，你就会发现，他正在用叉子往嘴里送东西，他面前摆着的是那道中间主菜，也许是牛犊的胸腺、肉冠或小块烤肉。

不管是在《泰尔冯食谱全集》还是在《巴黎家政书》（两者都是 14 世纪的作品）里，抑或是在《厨房宝典》（16 世纪）里都提到过，樱桃、李子、李子干、葡萄、黑梅和甜瓜等水果和果干，都是在开始吃饭的时候就被摆在桌上了。鲜见的例外跟那些被认为"生热"的水果有关，诸如椰枣、草莓、木瓜或梨，梨的名声最糟糕，说是"难以消化"。

相反，圣灵骑士团的骑士们拿水果当餐后点心吃。如今，抵制住这一变化的只剩甜瓜了，至少在北欧是如此。

应该到哪里去寻求这种变化的原因呢？可能得到酒里去找。

我们还是回过头来看看那幅版画吧！如果我们一直盯着坐在左边餐桌上的第四个人看，就能够看出他是渴了，有人给他拿来一杯葡萄酒，因为在那个时代，餐桌上是没有酒杯的。

于是，这个人要的酒就和他本人一起，引出了一种新规矩。既然大家都喜欢在吃第一道主菜时喝白葡萄酒，到了 17 世纪或 18 世纪，早先在烤肉后面上桌的贝类和其他甲壳类食物，就都提前了，开始吃饭的时候就上。猪肉食品和凉肉的上菜次序的变化也是这么来的。此后吃红肉的时候搭配蔬菜，喝红葡萄酒。从前，猪肉食品与凉肉是与甜食一起上桌的。这样一来，甜食和芳醇的葡萄酒，也就都放到了餐尾。

如此这般，反映路易十三宫廷生活重要时刻的版画中一个不起眼的细节，就引导我们提出了一个微妙问题，即菜肴和酒与味蕾相匹配的问题，这让我们可以从不同文化给出的不同答案中寻找乐趣。

文火炖牛犊胸腺

熬棕色牛犊汤汁：

2.5 公斤砸碎了的牛骨

1 根胡萝卜

半个洋葱

1 根芹菜

两瓣蒜

1 个西红柿

1 扎月桂、百里香等调味香料

4 个牛犊胸腺（每个 180 克）

盐

40 克黄油

油

1 根胡萝卜

1 个洋葱

1 小块带皮猪脬

250 毫升棕色牛犊汤汁

磨碎了的胡椒

150 克面粉

150 毫升水

　　前一天准备牛犊肉汤汁：把烤箱预热到 200℃，把骨头放进去烤制 30 分钟。在平底锅里翻炒蔬菜，将骨头从烤箱里拿出来，在平底锅里翻炒一下，然后加 5 升凉水，加入调味香料，把水烧开。撇掉沫子与油脂。煮 6 个小时。水一直都要没过骨头。6 个小时之后，用小漏斗过滤汤汁，收汤，直至耗掉三分之一的水分。

　　到了要吃的这一天：往黄油里放 1 勺油，搅匀，涂到预先加了盐的牛犊胸腺上。加入胡萝卜、洋葱、猪脬和牛犊汤汁，并用胡椒粉调味，盖上锅盖，再用小火炖煮牛犊胸腺 10 分钟。将烤箱预热到 210℃。取出牛犊胸腺，放入炖锅里。用细孔过滤罐过滤炖肉汤汁，将肉汤和小牛犊汤汁混合到一起，稍微收收汤。用

150 毫升水与面粉揉成面团，再用面团把炖锅封好。把炖锅放到烤箱里烤制 8 到 10 分钟。将炖锅端出，揭开封在锅口的面包皮，开吃。

11 讨厌的巧克力
1658 年

因为表面有一层味道不好的沫子，对于不习惯喝巧克力的人来说，巧克力是很"讨厌的"饮品——这就是耶稣会传教士何塞·德·阿科斯塔为巧克力所下的断语，他曾于16世纪先后到秘鲁、墨西哥传教。然而，过了没几年，这种让人如此讨厌的巧克力，却在路易十四的宫廷里大行其道，成了时髦饮品，被王公贵族们泰然饮用。国王陛下也不止一次品尝过巧克力。他享用的巧克力是饮品，是由他母后奥地利的安娜引进法国的。当时都是把巧克力放进加了香草的糖浆里，化开了再喝。但固体的巧克力也有人吃，比如吃巧克力塔饼，我们可以在17世纪的很多厨艺书里找到这种吃法的一些蛛丝马迹。我们可以设想一下（这样的设想大概也错不到哪儿去）：巧克力塔饼跟花样繁多的甜食一起被端上了御膳桌，而国王也就用他剩下的几颗龋齿开啃，大快朵颐。

另外，正如1661年4月15日星期五德·塞维涅夫人给她宝贝女儿的信里所写的，巧克力在当时非常时髦：

我亲爱的孩子，我想对你说，在我眼里，巧克力跟过去不一样了。像往常一样，时尚已经把我裹挟：过去对我说巧克力如何如何好的人，现在都在说巧克力的不好了，他们把自己身上所有的不适都归咎于巧克力；巧克力成了造成头晕和心悸的祸根；喝上几口，觉得心旷神怡，然后突然之间就会让你兴奋不已，能要了人的命。总之，我的女儿，那位共济会首领①，原来嗜巧克力如命的，如今也已经视巧克力为仇雠……看在上帝的分上，别再宣扬这种东西了。

我们来稍微回顾下历史。16 世纪，可可豆被船运到塞维利亚或加的斯，很快就出现在贵族家庭的餐桌上，成了贵族对美洲植物区系选择的证明。不过，若是对可可豆做进一步的研究，就会发现其中还另有故事。

实际上，在美洲征服者和船长们积累的大量财富之中，巧克力是一张回程票，也是麇集在大西洋彼岸的犹太商人的回程票。就此而言，巧克力使新旧两个大陆之间横跨大西洋的旅行

---

① 指德·吕德伯爵。有人说，他追求过德·塞维涅夫人。德·塞维涅夫人这位"女才子"擅长玩弄被她激起的欲念。

变得有声有色。最后，巧克力终于变成了人们的日常饮品，不再仅仅只是一种异域风味。从这一刻起，对法国和纳瓦尔的天主教徒来说，就遇到了一个问题：四旬节的封斋期里，能喝巧克力吗？对这种来自美洲大陆的可可豆，教皇也不得不出来表态，而他的答复为关于这种新饮食习惯的争议画上了一个句号。

路易十四的巧克力塔饼

> 对一个自我克制能力很强的人来说，能够摆布他的东西不多。

> ——路易十四

230 克油酥面团或 1 个油酥面卷：要准备 1 公斤的油酥面团（您最好准备 1 公斤的面团，因为这么大小的面团更好加工些，若面团太小，醒发时可能会过度。然后再把面团分成 4 块，每块克重 250 克，可以冷藏起来另作他用）

500 克面粉

250 克黄油

2—3 撮盐

250 克砂糖

两小袋香草精

1 撮泡打粉

2 个鸡蛋，打发成白沫状

做巧克力糕要准备的：

250 克黑巧克力（可可含量不超过60%）

300 毫升液体奶油（油含量须在30%以上）

60 克淡的或稍微带点儿咸味的黄油

　　做油酥面团：将面粉倒进一个碗里，加软化的黄油和盐，用和面机和面。加糖、两小袋香草精、泡打粉和已经打发成白沫状的鸡蛋，重新搅拌，把面揉成一个球形。用食用薄膜将面团包好，放在冰箱里醒一宿。给面团戳几个洞通气。把面团放进一个蛋糕模具里，搁在烤箱的箅子上去烤。压上重物，用 200℃ 的静止温烘烤 20 分钟，注意恰好烧到白热化状态。

　　准备巧克力糕配料：隔水把小块巧克力化开。把奶油倒进平底锅里，烧热，温度不能超过 60℃。把黄油放入化开的巧克力里，混合在一起，然后加进奶油。这时需要一个搅拌器。用搅拌器划拉几圈，不用搅拌。这样，巧克力糕的配料就逐渐做成了。但要注意，一定不能混进空气！把巧克力糕的配料浇在准备好的塔饼上，抹平表面。

锅底絮语

畅销书

　　1651 年几乎正好是一个世纪的中分点。这一年，一本关于烹饪的书籍出版问世：皮埃尔·弗朗索瓦·德·拉瓦雷纳的《法国厨师》（*Le Cuisinier français*）。《法国厨师》是一部畅销书。到 1815 年为止，该书一共重印了 250 多次，这正是如今出版商梦寐以求的销量！

　　该书热卖的标志是在阿姆斯特丹和海牙都出版了仿本：17 世纪，这两个城市藏龙卧虎，盗版商人和正规出版商旗鼓相当。

　　这本书以不同场合的上菜顺序为依据进行撰写，比如汤、烤肉、烧烤和甜食。饮食结构有三种不同的形式，这样就充分尊重了教会的规定（大吃大喝的日子吃什么，封斋期之外素食的日子吃什么，封斋期斋戒的日子吃什么）。高汤、芡汁、卤、酱，等等，在讲述整体吃食的时候，也都顺便提到了。总之，这是一本收集了 700 多道菜品烹制方法的食谱，每道菜都编了号，列成目录，这在当时还是首创。拉瓦雷纳用第一人称写作，提出了厨师专用的句法和语法。他创造了一种新的文学体裁。不过，写作方面的所有这一切创新，都不足以解释这部著作何以有这么大的影响力。

那么，《法国厨师》究竟为何如此出名呢？皮埃尔·弗朗索瓦·德·拉瓦雷纳摆出一副烹饪祖师爷的架势，是有诸多原因的。首先，在百年时间里没有任何一部厨艺书籍出版问世，而拉瓦雷纳的书反映的又是伟大的17世纪的新口味；其次，这本书讲到了菜肴的制作方法；再次，书里有不少注定要流传到后世的菜谱；最后，争议、公认的差别或其他厨师——从皮埃尔·德·吕纳（17世纪）到马西亚洛（18世纪）——做出的补充修改，又把这本书提升到了必备参考书的高度。

技术方面，于克塞尔侯爵的这位膳食总管属于使用香料的一派，喜用月桂、百里香等调味香料。拉瓦雷纳还确定了时髦的煮菜方法，如加奶汁或清炖，这些方法很快就都变成了惯用烹饪方法。他的同代人很快就接受了和洋葱、胡萝卜一起煨的嵌猪油牛肉、打发蛋白、比斯开虾酱汤和奶油白色调味汁。芡汁的基础用料是蘑菇、松露和杏仁。奶油千层糕也出现在这本书中。千层糕非常出名，以至于人们把拉瓦雷纳看作法国糕点之父。但后来他只写了《有条不紊的厨师》（1662年），还有《完美的果酱制造者》（1667年）。

5年之后的1656年，皮埃尔·德·吕纳引领了烹饪时尚。吕纳著有《厨师》一书，书里对各种肉、野味、禽类、鱼（包括海水鱼和淡水鱼）的烹制方法进行了认真的探讨，一年四季，做法各有不同。对各种精美糕点面食的做法，无论是凉吃糕点还是热吃糕点，也都总揽其成。

出版皮埃尔·德·吕纳这本书的巴黎书商，不是别人，正是为拉瓦雷纳出书的皮埃尔·达维德。达维德确实得到了特许，既能重印拉瓦雷纳的作品，也能推出皮埃尔·德·吕纳的新书。拉瓦雷纳遵循的是宗教日历，而皮埃尔·德·吕纳则以四季为依据。不管怎么说，根据不同需要，罗列了900道菜的烹制方法的书籍出炉了。与拉瓦雷纳不同的是，吕纳把肉汁、酱、沙司等调味料的做法，都集中放在了卷首。

也有人注意到，与其前辈拉瓦雷纳的诸多革新相比，吕纳小有退步。不过，在这本书里只看到退步是错误的。把耶稣受难日饮食的烹调方法集中在一个主题之下，这件事本身就表明，宗教禁忌推动了素食日厨艺的发明。

从这个时候起，另外一些厨师也都灵感大发，开始著书立说。作为最重要的作者，L. S. R. 和马西亚洛面世了。L. S. R. 三个字母如雷贯耳，但其身份始终是个谜。《待客之道》这本书的作者身份一直难以确定，有人说是一个名字叫罗贝尔的厨师，也有人说是一个名字叫罗兰的膳食总管。在这部作品中，人们也可以发现拉瓦雷纳作品的重要性：拉瓦雷纳奠定了食谱书籍的基调。L. S. R. 对油炸牛头这道菜的评价很严厉："这道菜没有让您发笑或者因为怜悯而流泪吗？"不过，经过深思熟虑后，L. S. R. 也发展了一个菜系，跟其他厨师一样，他也提倡文火煨炖，慢慢煮，平衡搭配各种食材。L. S. R. 明确使用黄油做菜的方式；浓稠酱汁成了首选，咸味汤和甜味汤则泾渭分明。大家都在求简便，都在进行筛选，都在追求味道鲜美。对厨艺的这种细致描写，本意依然是出于让餐桌显得考究，让人们获得视觉与味觉的双重享受。因此，在这部著作里既有"待客之道"，也有"烹饪技巧"。这一变化表明，既要满足口腹之欲，也要追求排场的奢华，两者缺一不可。口味适中，造型完美，味道精致，计量准确，遵循教会规矩，面面俱到，无所不及。从此饮食就有了整体规范，今后厨师们就要在精益求精上下功夫了。

在伟大的 17 世纪，马西亚洛（1660—1733）是最后一位畅销书作者。和（孔德府的）瓦泰尔或（于克塞尔侯爵官邸的）拉瓦雷纳不同，马西亚洛不隶属于任何府邸。他既为路易十四的弟弟亲王殿下效力，也替沙特尔公爵、卢瓦侯爵和奥尔良大公干活。1691 年，他出版了《平民厨师》。仅仅书名本身就值得人们注意。什么是平民厨师啊？书里说的是不是与为贵族烹饪饭食的厨师完全相反啊？根本不是那么回事，因为所说的还是府邸里的事，只不过是个仆役数量比较少的府邸而已。

马西亚洛的这部著作是第一本几乎完全只讲技术的书。这是一本教科书，讲授的是如何把简单的菜肴也能做得美观而精致。此时的法国餐饮界已经颇为自信，标榜自己是世界第一。马西亚洛在书的前言里也直言不讳，明确指出："我们可引以为豪的是，法国在餐饮领域里已经超越了其他国家……我这本书就能成为我这句话的最佳证明。"

从 1651 年到 1691 年，仅仅用了两代人的时间，厨艺的书籍就站稳了脚跟，就像当时自诩第一的法国餐饮一样在欧洲得到了广泛认可。

12 三明治勋爵：面包和赌博
1750 年

到了 18 世纪，贵族生活已经失去很多魅力。生活城市化以后，贵族们住在巴黎、马德里或伦敦的王宫附近，只能偶尔出去打打猎。打仗变成了一种职业。敌对国家之间冲突一直不断，但谢天谢地，那些冲突往往都是发生在很远的地方。领地管理得很好，重农主义的新思想也落到了实处，不过这些主要都是管家们的工作。

所幸，贵族们还可以赌博。在所有的大城市，特别是伦敦，俱乐部发展得很快，宫廷贵族们全身心地投入了打扑克这种新消遣中。对某些人而言，甚至是对于一些最理性的人而言，这种消遣也已经成了一种疯狂的嗜好。

1718 年出生的约翰·蒙塔古，第四代三明治伯爵，也是此道中人。他的人生经历颇有些过人之处：1744 年进入海军部，1748 年晋升部长，一直工作到 1751 年，1763 年再次出任此职，而 1771 至 1782 年又梅开三度。风光无限的政客，也可以有自己的私人爱好。就约翰·蒙塔古而言，他的私人爱好有两个，一个是他的情妇范妮·默里，一个就是扑克牌。他一玩牌就能连续玩上几个钟头，并且无法忍受中途被打断，什么理由都不行，尤其是吃饭这样无关紧要的小事。按照皮埃尔-琼·格劳斯勒在《伦敦旅游指南》一书里的说法，蒙塔古突发奇想（或者是他厨师的主意？），叫人给他准备了点儿凉肉和奶酪，夹在两片面包里送上来。他的牌友们也争先恐后地要"和三明治伯爵一样的食物"，这样一来，三明治就作为一种食品诞生了。

当然，此后的三明治有了很大改进，无论是饭店酒吧里的俱乐部三明治，还是英式下午茶的指形三明治，跟当初那种简便的三明治相比，都有了很大的不同。不过，有的时候，吃上一块简便的三明治会不会更有乐趣呢？

三明治勋爵的三明治

1 个蛋黄

1 汤匙芥末

盐

胡椒粉

250 毫升油

1 个小紫洋葱

1 咖啡匙刺山柑花蕾

1 根醋渍小黄瓜

细叶芹菜

龙蒿

8 片黑麦切片

8 片薄的烤牛肉

8 片熟成的切达奶酪

水田芥

把蛋黄和芥末混合在一起。加盐和胡椒粉调味。用油打发蛋黄酱。把小紫洋葱、刺山柑花蕾、醋渍黄瓜、细叶芹菜和龙蒿切碎。把切碎了的东西放进蛋黄酱里，搅拌成调味酱。把调味酱涂到黑麦面包片上。将 4 片黑麦面包摆在案板上，有调味酱的一面朝上。在每片面包上放 1 片肉与 1 片奶酪，再加一片肉、一片奶酪，撒上一点儿水田芥，然后再放上 1 片黑麦面包片，有调味酱的那一面朝下。

馋涎欲滴，立即品尝吧!

锅底絮语

皇帝

保存在紫禁城档案里的食谱，都经过了内务府的核准。1747年11月3日，乾隆皇帝独自一人在紫禁城外一座富丽堂皇的宫殿或曰夏宫里进膳。漆得油亮亮的御膳桌上摆着：

一只带猩红色波浪图案的金碗，里面是燕窝苹果羹，汤里有切得薄薄的鸡脯肉片、香菇、熏火腿和白菜；

一只带五福图案的景泰蓝大碗，里面是白菜香菇裹鸡翅；

一只带五福图案的景泰蓝大碗，里面是白菜炒鸡胸脯肉；

一只带五福图案的景泰蓝大碗，里面是酱烧羔羊肩；

一只带五福图案的景泰蓝大碗，里面是肉糜羹；

一只带五福图案的景泰蓝大碗，里面是酸菜烩野鸡脯；

一只黄碗，里面是鹿肉干炒豆芽；

一只银盘，盘子上是个炖什锦的砂锅，锅里有鸡肉、羊肉和麂子肉；

一只献祭用的银盘子，盘子里有两种肉：猪肉和羊肉；

一只银碗，里面是米粉；

一只黄盘子，里面有一小块圆形奶油蛋糕，叫"象眼"；

一只银碗，盛的是长寿面；

一个带有龙形图案的紫色景泰蓝小碟，里面放的是蜂蜜；

一个带五福捧寿图案的景泰蓝碟子，里面是精致的菜蔬，其中有菠菜和用桂花腌制的蔓菁。

这顿饭还配有8托盘的小馒头；一碗米饭，米饭盛在景泰蓝碗中，碗盖是黄金的；一碗羊汤，里面有清水煮荷包蛋；一碗红皮萝卜汤和一碗野鸡羹。

只要看看这份为中国皇帝选定的菜单，就知道亚洲的烹饪艺术和欧洲的烹饪艺术的截然不同了。皇帝的饮食一直都有严格的规定，比如说，主菜大概要用各种肉22斤，而熬汤用的各种肉只有5斤。所有的烹饪技术（炖、炒、熬、蒸）都要用上，制成

108 道菜。皇家其他成员享有的菜数递减，比如皇后可选 96 道菜，贵妃就只能选 64 道菜了。

制定菜单的这份细心，都被用在一般的"日常"细枝末节上了。菜品、各种成分的比例、厨师姓名，都要一一记录在案。

皇帝的菜单不由他自己订，但他可以表示自己想吃什么。即便如此，同一道菜却不许超过三箸。所以，皇帝的菜单要由专人制定，得从营养学的角度考虑，须使皇帝的饮食平衡、协调。为求平衡，日常每顿饭都要有六种蔬菜、六种饮品、六道主菜，上百种精美的小菜，上百种调料，每天要有八道上选的菜摆到餐桌上。这样就有了清晰的五味——醋、蜂蜜、酒、姜、盐，也有了五谷——小麦、大米、玉米、燕麦、淀粉类食品。一年的节律受制于阴阳，影响所及，皇帝的饮食也是一个季节一个样。春季，吃的多是蔬菜类食品；夏季，肉汁和调味汁是上选；什锦类菜秋季上的多，冬季则讲究饮品。同样的，每个季节有每个季节的口味：春酸，秋鲜，夏苦，冬咸。另外，也不能忽略某些食材的搭配，牛肉总要与粳米饭搭配，羊肉则要与大黄米饭搭配。这些"厨医"，每天就是这样为皇帝的幸福安逸而忙碌着。

吃饭是个孤独时刻。在那个时代的中国，不像在法国一样，饮宴带有政治目的。想想吧！在紫禁城的高墙之内，每天一清早，皇帝、皇后和皇子们去给皇太后请安，但并不在一起吃饭，只有在像元宵节和春节这样盛大的节日里，他们才会坐在一起吃饭。有些年份，借着万寿或大婚的机会，会举行正式的、程式化的宴会。同样，请谁不请谁这样一件简单的事，也要遵守严格的礼仪制度。如果皇帝请一位嫔妃出席宴会，请帖要送到敬事房，由太监们用肩舆抬着送到那位嫔妃手上。受到邀请的嫔妃赴宴时，宴会前后都要行跪拜礼。

13 国王情妇的魅力
1755 年

奶油塔是路易十五和他的情妇蓬巴杜侯爵夫人让娜·普瓦松餐桌上一道极为经典的美食。追本溯源，这道美食的出现得益于一个叫樊尚·拉沙佩勒的人，还因为有一种叫奶油的食材。我们先来看看，樊尚·拉沙佩勒是何许人也。这是一位大师，生于伟大的17世纪末，殁于启蒙运动发生的18世纪中叶。1742年，他出版了一本名为《现代厨师》的书，提倡一种更简易、更巧妙的厨艺。他用新方法做各种菜肴，最著名的是猪油火腿蛋糕。奶油塔是对猪油火腿蛋糕的一种改良，把表面呈颗粒状、覆盖着鸡蛋和奶油混合馅料的猪油火腿蛋糕，变成了黄油薄饼，薄如纸壳，入口即化……

　　在糕点制作方面，使用黄油是个根本性变化。使用黄油而不使用猪油，让人们得以离开圆馅饼或奶酪糕点的世界，进入甜塔饼的天地。在伟大的17世纪，黄油是留给斋戒日吃的食物，所以法国人对黄油嗤之以鼻，但弗拉芒人不同，他们平日里也吃黄油。黄油比一般油价钱便宜，凭借这一点，黄油占据了市场。再有就是，14世纪时人们曾被严令禁止消费与牛有关的产品，而教会以慈悲为怀，允许人们在封斋期和守斋的日子里吃黄油。因此，在鲁昂众多的天主教堂的塔楼中，就有一座叫"黄油塔"。因为这座始建于16世纪初期的塔楼，其部分修建资金来源于教徒的捐赠，教徒们因而获得允许，可以在封斋期里吃黄油……到了16世纪，特别是17世纪，在封斋期吃黄油变得普遍了，这无疑会让拉沙佩勒的发明成为可能。黄油得到普遍使用，带来了几道经典的咸味菜肴，如黄油白斑狗鱼；也带来了甜味食品，如千层酥。

蓬巴杜夫人的奶油塔

起酥面团：

200克面粉＋50克面粉（做手粉使用）

1咖啡匙盐

100毫升水

200克黄油

做糕点的香草奶油：

半升全脂牛奶

2 个香子兰果实，肉要厚实，鲜嫩柔软，至少 19
厘米长

6 个蛋黄

150 克砂糖

40 克玉米淀粉

30 克冰糖

提前一天先把起酥面团准备好：首先把筛过的面和盐倒进自动和面机的大碗里，再倒水至 3/4 的高度。开始快速和面。和面时间不要太长，否则面团会变得有弹性。把和好的面团放到冰箱里醒 20 分钟。这一点很重要，为的是让黄油和面团混合到一起时温度相同。然后在案板上撒好薄面，把面团擀开，擀成 1 厘米厚。把黄油倒在中间，将四个边折起来，用擀面杖擀薄。把擀薄了的面叠成三层。必须是准确的三份，把一部分折到面片的正中心处，再把另一片折到第一部分的上面。然后把面片翻个面，再把刚才的动作重复一遍，做完之后，把面放到冰箱里醒 20 分钟。这项操作叫"垒塔"。时间到了，再做第二轮，再放到冰箱里醒 20 分钟。至少得做 6 轮（即至少两个小时）。反复的轮数越多，面就越薄，层数就越多。烤制的时候你就会看到，面团将一层层分开，清清楚楚。这时就可以把面团放进烤箱了，用

200℃静止温，烤 10 分钟。为了不让它发起来，要在上面放上些有重量的东西，或者盖上一张铝箔纸，纸上撒些粗盐粒。然后从烤炉里把塔饼底座取出来，放在一边晾着。

准备做糕点用的香草奶油：把牛奶和肉厚的香草一起烧开。为此，要先把香草放平，平刀身滑压。再把香草的两头切掉。然后，在案板上用刀把香草一劈两半。如果香草的质量好，会有黑色液体滴出。将香草放在牛奶里浸泡 15 分钟。烫煮蛋黄和砂糖。最后，迅速把玉米淀粉加进去，不用搅动。把牛奶重新烧开。等到牛奶表面浮起了小泡泡，就把锅从火上挪开。接着，将锅里的东西迅速倒到烫煮好了的蛋黄上。再把所有的食材都放进锅里，开火。用温度计测量，至 82℃（如果没有温度计，牛奶表面一浮起小泡泡，就意味着温度达到 82℃），把锅从火上挪开，放到一个盛满冰块的容器里。把奶油倒入一个凉盘子里。为避免奶油结出皮，要把一张透明薄膜直接"贴"到奶油上。晾凉了之后，倒在塔饼底座上。

撒好冰糖后，用喷枪吹一下，就像制作法式炖蛋一样。若无喷枪，可以用烤箱的烘烤模式，但要严格注意烘烤的时间（所需时间很短）。

14 王后的小块油煎面包
1772 年

龚古尔兄弟写了一本书，与一个女人的身世有关；路易十五的女儿们给这个女人起了个外号，叫"奥地利女人"。纯粹出于偶然，我们在这本书里看到了波旁王朝最后一位王后的菜单，虽然只有那么一张。我们得承认，为了这张菜单，我们必须鼓起勇气到那些被岁月遗忘了（或者根本就没被当一回事）的档案资料中去搜寻。

　　1788 年 5 月，距离三级会议开幕只有一年的时间，王后在凡尔赛的特里亚农宫里吃了一顿晚饭，菜单上写的是："4 道汤：米汤，施赖伯汤，油炸面包块莴苣汤，油炸小面包块汤；两道大头盘：一块牛肉佐甘蓝，一块铁扦烤小牛腰肉；16 道头盘：西班牙肉酱，烤羊排，小兔肉串，炭烤小肥母鸡翅，清炖火鸡杂，菊苣嵌羊肉方，煎酸辣火鸡，纸包牛犊胸腺，酱小牛头，芥末蛋黄酱味鸡，铁扦烤乳猪，诺曼底清炖鸡，橙汁炖鲁昂乳鸭，铁锅肥鸡里脊拌饭，凉雏鸡，黄瓜拌肥鸡肉块；4 个冷盘：小兔里脊，铁扦烤小牛排，清煮小牛肉方，凉拌小火鸡肉；6 盘烤肉：烤鸡，面包粉烤阉鸡，烤小野兔肉，烤小火鸡肉，烤石鸡肉，烤小兔肉；16道甜点餐后点心。"

菜肴的数量表明，这是王后邀请有私交的人参加的晚宴，也就是说，这是一次有大约40人出席的晚宴。菜单里的菜分4次上。第一次上汤、冷盘，汤和冷盘后的第一道菜，两个头盘。第二次上烧烤和沙拉，第三次上凉点和各类菜肴，最后第四次上餐后点心。还必须搞明白餐后点心这个词所包含的意思：全部鲜果、糖煮水果、各式饼干、蛋白杏仁甜饼、奶酪、各种糖果以及按照习惯在这种晚宴上必须上的奶油小点心、果酱和冰激凌。

第一次上的菜里有两种元素：汤和小块油煎面包。今天当我们提到蔬菜汤的时候，想到的是一碗汤，汤里的蔬菜通常是用绞菜机绞碎了的，绒毛纤维漂浮在表面，质地柔滑，有很多奶油和小块油炸面包，有时还会有奶酪。所有的法国王后，从克洛德王后起到玛丽-安托瓦奈特王后，都在晚宴中相同的时刻喝汤，即在晚宴开始的时候喝汤。而从塔耶旺开始到马西亚洛为止，厨师做的汤里都有大量的肉和蔬菜，全是用文火长时间慢慢煨出来的，但肉和菜都是整块整棵的，和我们今天喝的质地柔滑的汤完全不同。还要补充的是，汤端上桌之前，已经用文火煨炖好了，就是说，已经泡好面包了。对，面包已经泡好了。我们知道，王后喝的是泡着油炸面包块的汤。在当时，用黄油烘烤和炸面包，是富有的标志。

玛丽-安托瓦奈特王后的绿菜汤

　　200 克酸模

　　200 克菠菜

　　100 克芹菜叶

　　100 克水田芥叶

　　100 克香芹叶

　　1 个洋葱

　　350 克黄油

　　1 根半黄瓜

　　1 公斤做汤用的土豆（比如肉质较粉的宾什土豆）

　　1 块浓鸡汤宝（是家禽汤就行）

　　几汤匙鲜奶油（多点儿少点儿都行）

　　200 克剩的面包心

　　把菜准备好，洗干净，用做生菜时使用的脱水机脱水，只留菜叶。锅里放 100 克黄油，把切成片的洋葱煸一煸，把准备好的蔬菜倒进去，然后再把削皮去刺的黄瓜和事先洗好切成块的土豆倒进去。用鸡汤宝准备好大约两升家禽汤，倒入菜中，煮到水沸腾前出气泡即可，火不宜太大。 25分钟以后，关火，搅拌。不停地慢慢搅，同时把剩下的小块黄油和一点儿浓浓的鲜奶油倒入。再拿到火上加热10分钟，这样做可避免奶油凝结。试试咸淡，调整调味。

最后，将100克黄油放入锅中，再将切成骰子块大小的剩面包心放进去煎。等到面包块变成金黄色，立刻捞出放到吸油纸上，吸去多余的油脂。把煎好了的面包块装进椭圆形的小盘子里，连汤一起端上餐桌。

15 巴士底狱中的牢饭

1784 年

1784 年，萨德①在坐牢。这既非法庭的判决，也不是国王下的命令。他之所以坐牢是因为作为作家，他给家族带来了耻辱。多纳西安·阿方斯·弗朗索瓦·德·萨德侯爵很少吃犯人吃的"牢饭"。像所有被监禁的人一样，他改善了伙食，拿出白花花的银币，叫人给他做他喜欢吃的菜。

　　现存于法国国家图书馆里的档案，提供了一些他订餐的蛛丝马迹。萨德字写得漂亮，写过要"汤和苹果炸糕"的纸条。他也要过"味道鲜美、到口即融、撒了面包粉的小牛排，鸡肉，石鸡，牛奶咖啡，牛奶巧克力，箬鳎鱼"。只有这些。

　　在一张菜单末尾的附言里，萨德说得很明确：

　　　　弗朗索瓦（他的仆人）以为，按照原来的安排，每

———————————

① 萨德（1740—1814），法国侯爵，作家。因变态行为而遭监禁，一生三分之一的时间是在牢房里度过的。

天给我上五道菜；而他以为按照现在的安排，每天仍然会给我上五道菜，仅仅多了一道汤。可是，这里的菜都太"节俭"了，非常平淡无奇的餐后点心也算一道菜，没有荤腥，清汤寡水，几道菜都差不多，没多大分别。但我会像原来安排的那样，仍将为多出来的鸡肉、石鸡、牛奶咖啡、牛奶巧克力和鲈鳗鱼付钱，不过烩苹果的钱我不会付了。弗朗索瓦会重新考虑这一安排，他会安排得对典狱长有利。不过，一早一晚的那点儿饭食，质量必须很好才成。

萨德在吃，萨德也在写。

坐牢坐得恼火起来的萨德，动手写作，写作之外，就是吃饭。吃午饭，吃晚饭，有时吃的是牢饭，有时不是。吃饭也是他写作的内容，写出了一些细节十分生动的故事。比如，第一天的情景：

　　这顿饭应该比晚饭差点儿，布上四次精美的菜肴大家也就满足了，每次上的菜有十二种。勃艮第的葡萄酒配冷盘，波尔多葡萄酒配头盘，香槟配烧烤，埃米塔日地区的葡萄酒配甜食，托卡依和马德勒产的葡萄酒配餐

后点心。大家的脑袋渐渐发热。这个时候，那些乱七八
糟的人就可以对老婆为所欲为了，小小的打骂都可以。

上四次菜，每次上十二道，这当然不会是巴士底狱的牢饭。不
过，这份菜单另有可取之处：明确地提到了酒的问题，而我们对
于当时酒水的有无只提出过假设或存疑。头盘配勃艮第或波尔多
葡萄酒，尚可理解。香槟配烧烤，这情景就很微妙了，因为香槟
通常用来搭配蜗牛或甜味菜肴。马德勒和托卡依葡萄酒在这里也
不例外，可以很容易地想象出，那些人，无论是穿着衣服还是光
着膀子，都在用调羹把饼干压进马德勒葡萄酒里呢!

萨德侯爵的小牛排

　　1 把青芦笋

　　黄油

　　12 块小牛排

　　诺永橄榄酱

　　康波胡椒

　　盐花

把芦笋根切掉，放在黄油里煸炒。大火煎牛排，每面煎一分钟。然后把牛排放到已经预热好的小碟子里：每个碟子里两块牛排，一小球橄榄酱，几根芦笋。

放入康波胡椒和一点儿盐花调味。

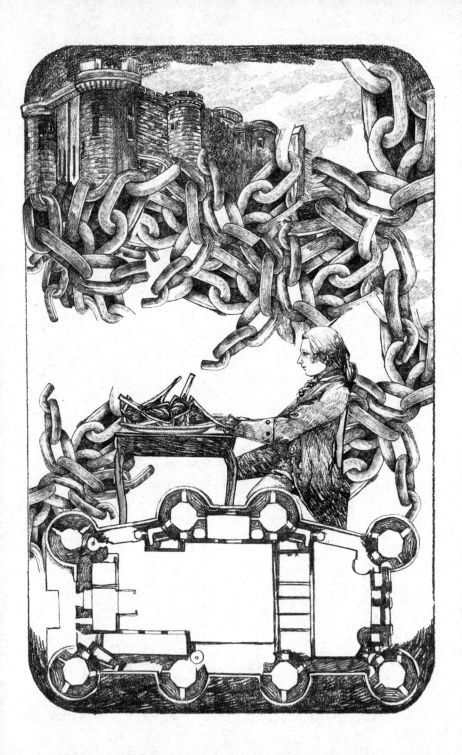

16 吃炸丸子的女人
1784 年

英国的乔治二世，法国的路易十五，普鲁士的腓特烈二世，奥地利的玛丽亚·特蕾莎和俄国的叶卡捷琳娜二世——在启蒙时代的欧洲，安危就系于头戴王冠的这五个人身上。他们俨然是个五人爵士乐队，通过婚姻或者战争，重新划分这个古老大陆的边界。但在他们的餐桌上，发起冲锋的却常常是法国大餐。

　　法国大餐对沙皇餐桌的影响显而易见。叶卡捷琳娜原是德国公主，拜倒在她石榴裙下的人，和为她送上的菜肴，在数量上可以做一番拼比。女皇有几种无伤大雅的不良嗜好。她喜欢吃的一道菜，可能就是文火炖牛肉，佐以腌黄瓜和一种用干鹿舌制成的沙司。这不太正统，因为18世纪是个嗜甜的世纪，人们不怎么吃咸的。卡洛姆纳果糕——一种用水果做的面点——是叶卡捷琳娜的最爱。

　　我们终于还是知道了，叶卡捷琳娜二世在其情夫波将金伯爵家做客时，吃到了"萨尔达纳帕勒式糕点"。这是一种鸡肉炸丸子。当然，厨师长是个法国人。今天，有了绞肉机和食品搅拌器，弄点儿肉馅是件轻而易举的事，可在启蒙运动的 17 世纪，做肉馅可不是一件易事。叶卡捷琳娜吃的炸丸子的肉馅非常细腻，在很大程度上要靠腕力和筛滤器。因为肉馅细腻，她无需怎么咀嚼，那时的人们并不怎么喜欢咀嚼这个动作。

冬宫的炸丸子

    100 克猪血脖

    300 克鸡胸肉

    80 克香芹

    50 克熏猪膘肉

    1 片在牛奶里蘸过的陈面包

    1 个羔羊脑

    150 克巴黎蘑菇或喇叭菇

    1 个整鸡蛋

    精盐

    胡椒粉

    2 个打散的蛋黄

    黑麦面包心屑或由剩下的普瓦兰面包做成的面包屑

    油

准备好绞肉机，箅子中等粗细的即可，把猪血脖、鸡胸肉、香芹、熏猪膘肉、面包屑和事先在锅里炒过的羔羊脑，一起放进去绞打。将切成了块的蘑菇炒一炒，出锅后再粗粗切几刀。拌馅，这时把整个鸡蛋放进去，加盐和胡椒粉调味。放上一夜。用手把肉馅弄成球状，或者用羹匙把肉馅做成丸子，这样做出来的丸子会更好看。裹上一层蛋黄液，再在面包屑上滚一滚。放进油锅炸，火不能太大（100℃），最多炸8分钟，丸子不能太焦。

17 总统的独家新闻
1785 年

托马斯·杰斐逊著述颇丰。华盛顿国会图书馆做了个汇编，共有 27,000 份文件。在这些手稿里有 11 张菜单，其中有水果塔饼、萨瓦饼干，还有香草冰激凌……

　　这里所说的香草冰激凌，当时就是一种沙司，基本食材是煮熟了的加糖蛋黄，再往里倒点儿鲜奶，然后加热，冒泡即可，不能烧开。烧到这种程度时熄火，加点儿奶油。不过，杰斐逊的菜单没有鲜奶，完全用奶油代替（这样可能会比较稠），这是个非常明显的区别，另外蔗糖也用得特别多（是今天所用的两倍）。还有一点不同，就是那个冰激凌球，即作为独家新闻吸引了大批记者的冰激凌球，当时法国还没有。最初法国的冰激凌都是做装饰使用的，会被做成醋渍小黄瓜、芦笋、火腿、鸡蛋的样子。做这样的冰激凌，要利用水果冰糕和冰激凌的颜色，比如用草莓充当火腿的玫瑰色，等等，然后才能倒进模具里，做成醋渍小黄瓜、芦笋、火腿、鸡蛋……

　　往模具里填料是一门手艺，出来的东西必须是完整的：整条的鲑鱼，整只的虾，一托盘无花果，甚至是整个的野猪头。从这项活计里能看出餐食的讲究、厨师的天分和对视觉享受的不懈追求。但托马斯·杰斐逊独辟蹊径，避开了这项工作。不久之后，冰激凌球就出现在位于人行道和公园里的冷饮店中，为 19 世纪精英和中产阶级的幸福生活添了一道美食。

香草冰激凌

    6 个蛋黄

    300 克糖

    500 毫升从乳品店里买的浓鲜奶油或伊思尼奶油

（超市里的浓奶油和这个完全不同）

    1 颗肉厚的香子兰果实

    将蛋黄和糖烫煮 1 分钟。把奶油倒进锅里，放到火上加热。把香子兰破开，一分为二，掏出籽粒，放到奶油里泡 30 分钟。最好用肉厚丰满的香子兰，已经干了的香子兰没有多少味道，而质量好的香子兰几乎不会变干。30 分钟后，加进已经混合在一起的糖和蛋黄，重新加热。快开锅之前，感觉到奶油变稠了的时候，把火关掉。在常温的环境里放置 2 小时，晾凉后，放进果汁冰糕调制器里。冰激凌上桌前，先在常温下放 10 分钟，加上杏仁瓦形脆饼和几颗草莓，草莓要事先用橙花和薄荷片水熏泡过。

18 美国人在巴黎
1786 年

大家都知道，本杰明·富兰克林喜欢戴皮帽子，喜欢洗澡。但他还是个素食主义者，属于一种罕见的类型，即吃素食的政治家那种类型。这一点，知道的人就不多了。

确实，在自传里，本杰明·富兰克林强调过政治品德的必要性，就像在日常行事时必须有品德一样。对他来说，遵循这项准则，必须通过营养学词汇里的"禁欲"才能达到。富兰克林强制自己这么做，一方面是为了树立一种形象，一方面也是因为他相信素食有益健康。

来到巴黎，富兰克林仍然一丝不苟地按照他的原则行事，轰动一时。他依然我行我素，以本来面目示人，大方地戴着眼镜，无论何时都戴一顶皮帽子，穿着一件栗色上衣，还总是一副笑容可掬的样子。更有甚者，在一个把餐饮提升为艺术、将餐桌上的种种习俗引以为骄傲、使用塞夫勒瓷和精美水晶餐具的巴黎，富兰克林反其道而行之，时时刻刻标榜他的简朴。所以，大家就惊奇地发现，他住在一间很普通的房子里，只雇用一位领班和两名仆人伺候。一个和富兰克林同时代的人在回忆录里写到，这个美国人竟然用手抓饭吃。

吃芦笋少不了辣味佐料。这道菜做法简单，富兰克林吃起来也非常简单。面对旧大陆的衰败，富兰克林倡导的是新大陆的崇高风尚，他的饮食和做派处处都彰显着这位倡导者的良苦用心。

用手抓着吃的芦笋

1 捆阿尔萨斯产的白芦笋

准备荷兰式沙司：

1 个柠檬

200 克淡黄油

3 个有机鸡蛋，或带有红标签的鸡蛋，每个至少重 60 克

盐

贡布胡椒粉

把芦笋皮削掉，去掉根部的 1/3，捆扎起来，放进加了盐的沸水里。用刀尖检查一下芦笋的烹煮程度。

准备荷兰式沙司：挤出柠檬汁。把黄油切成骰子大小的块。

在一个容器里放两汤匙凉水，加入蛋黄一起搅打。将容器隔水放进炖锅里，继续搅拌蛋黄，直到容器里的混合物变成表面带泡沫的奶油状。把黄油块分几次加进去，按同样方式搅拌。加盐和胡椒粉调味，等到要端上餐桌时再加进柠檬汁。盛沙司的碟子要提前预热。

　　小贴士：最好先把沙司准备妥当，用薄膜盖好。拿到炖锅里隔水重新加热时，再将薄膜去掉。这样，沙司表面就不会起皮。这个办法在做奶油点心或巧克力蛋糕时同样适用。

19 禁猎地之夜
1791 年

大革命于 1789 年爆发。一年以后，被囚禁在杜伊勒里宫的路易十六处境变得越来越复杂，忠于他的人开始策划出逃。1791 年 4 月 2 日，米拉波去世，其后 4 月 18 日又发生骚乱，终于使路易十六相信除了出逃，他已别无选择。他决定到蒙美迪和布耶会合。王室的人得装扮成科尔夫子爵未亡人的随从。国王化名杜朗先生，冒充子爵夫人的总管，职务和姓氏都普通得不能再普通了。

　　确定的路线如下：四人乘轿式马车行经马恩河畔沙隆的大路，去和驻扎在蓬德索姆韦勒的骑兵团会合，再由这个骑兵团护送至圣梅内乌尔德；到那里后，护卫的事由王家龙骑兵接手，然后去克莱蒙昂纳尔戈讷，护卫换成亲王殿下的龙骑兵；最后到达禁猎地，再由龙骑兵护送，直至蒙美迪。

　　我们知道，事情根本没有按照事先设想的那样进行。在柠檬色车轮、绿色车厢的四人乘轿式马车里，国王无所事事，与人闲聊，停车野餐。一切还都按旧制度下的时间概念行事；对旧制度而言，上帝、国王和民族国家，似乎被永恒地联系在一起。国王身后是大革命，从知道国王出逃的那一刻起，大革命就在快马加鞭地追赶他。

6月20日夜，国王在禁猎地被包围。若说圣梅内乌尔德邮局局长让-巴蒂斯特·德鲁埃给拉法耶特的队伍指路，让他们追上国王并将其团团包围，他毫无疑问地在国王被围困中起到了关键作用。但若说国王被包围是因为嘴馋，就不那么肯定了。不过，卡米尔·德穆兰兜售的故事编得实在太好了，不能不提。责任主要在舒瓦瑟尔公爵身上，他没有按照原来的计划行事，所以比嘴馋的国王要负的责任可能更大些。但根据传说，还是国王耽搁了时间，因为经过圣梅内乌尔德的时候，他似乎很想品尝一下当地的特色美食：文火长时间煨炖、入口即化的猪脚。

圣梅内乌尔德炖猪脚

　　6只洗净的生猪脚

　　500克粗粒盐

　　2根胡萝卜

　　2根分葱

　　1个洋葱

2 瓣蒜

1 扎月桂、百里香等调味香料

200 毫升白葡萄酒

2 个丁香

精盐

胡椒粉

2 个鸡蛋

350 克面包屑

100 克黄油

用粗盐将猪脚包裹起来，在常温的环境里腌渍一夜。

把胡萝卜、分葱和洋葱去皮，切成细丝。把蒜拍碎。将每只猪脚用滤布包好，捆牢。锅里注满凉水，放入洋葱、分葱、胡萝卜、拍碎了的蒜、调味香料，然后再把猪脚、白葡萄酒和丁香放进去。加盐和胡椒粉，小火炖 4 个钟头。沥干，晾凉。取下滤布，竖着将猪脚切成两半。将鸡蛋磕开，放进碟子里打碎成浆糊状。把面包屑倒进另一个碟子里。把黄油放进锅里用大火化开。将猪脚浸入鸡蛋液里，然后再裹满面包屑。入锅炸，直到猪脚变成诱人的棕褐色。

趁热端上桌。

20 说说拿破仑和鸡
1880 年

拿破仑是军人。他吃饭快是因为打仗不等人。拿破仑爱吃什么？他最喜欢的小妹妹波利娜·波拿巴说，她哥哥最喜欢吃烤鸡、炒鸡块、烩鸡块——有时是香槟焖鸡块，还有鸡肉丸子、鸡肉酥小馅饼、米兰通心粉圆模馅饼。

　　那么，他当了皇帝以后的日常饮食又是什么样的呢？在吐露心声方面，18世纪的人直截了当，不絮叨。19世纪的人就有点儿絮叨了，说话开始拐弯抹角。大家总认为拿破仑这样说过："要想吃得好，得到康巴塞雷斯府上去；如果想凑合一顿，就去勒布伦家；若是想吃得快，就来我这里。"仔细观赏一些油画，大致可以知道拿破仑日常吃些什么，也可以看出拿破仑帝国和波旁王朝的区别。1812年，亚历山大·芒若画了一幅拿破仑、玛丽-露易丝和罗马王的就餐图：拿破仑怀里抱着罗马王，展现出温柔的父爱。画的寓意很简单，意思是说拿破仑喜欢和他的儿子一起就餐，喜欢吃面包，喝葡萄酒。这太简单了。两年前，路易·迪西画过一幅题为《圣克卢城堡露台上子侄绕膝的拿破仑》

的大幅油画，透露了一些别的细节。这幅画的氛围远没有上一幅画那么亲密。画面上，围在拿破仑身边的有他的两个侄子，一个是荷兰国王，一个是那不勒斯国王。远景是一群仆人——其中有膳食总管？——每个人都端着一张独脚小圆桌，上面放着食物。赏画的人只能看出，拿破仑在时间允许的时候，会在圣克卢城堡的露台上吃饭……

他最爱吃什么呢？从给御厨房的指令中我们得知，厨房需要准备一道汤、三道头盘、两道甜食。配膳室要供应餐后点心，即一杯咖啡和两个面包。酒窖再上一瓶尚贝坦红葡萄酒，就完全齐备了。那么，皇帝在什么地方用膳呢？在杜伊勒里宫，约瑟芬皇后——她的小姑子们给她起了个"老板娘"的雅号——的套房里有一个餐厅。在圣克卢城堡，也有一个餐厅，但那个餐厅既不在皇后的套房里，也不在皇帝的套房里。拿破仑自有其与众不同之处。他喜欢临时请客，有什么吃什么。为了应付这种临时请客，御厨房就总要准备一道汤、两道味道浓郁的菜、一扇肋部的肉、四道头盘、两道烧烤、四种甜食。配膳室也总得准备着四道冷盘、两种沙拉、十八种餐后点心、六种咖啡、六种面包。酒窖总要准备好六瓶尚贝坦红葡萄酒。至少我们可以确定拿破仑皇帝贪杯。

拿破仑不曾想过、大概也不可能恢复法国国王那种大宴宾客的做法。当然，宴会还是要有的，但只有官员和受邀的客人才能参加他举办的宴会。在国人面前，拿破仑一直不怎么露面，到了流放地圣赫勒拿岛后，对当初这么做，他大概要觉得遗憾了。

拿破仑进行过无数次战役，有不少趣闻，但他的形象却和其中的一项趣闻联系到了一起，留下了一道叫"马伦戈烩鸡块"的大菜。不过，这道菜究竟是怎么来的，谁也说不清楚。共和8年牧月25日（1799年5月25日），第一执政官拿破仑正在皮埃蒙特准备和奥地利军队开战。他饿了，而他的厨师手里除了两只鸡，什么都没有。故事就出在他怎么做这两只鸡上。他准备把鸡切成块，放在橄榄油里炸，再找几个当季的西红柿做配菜，然后就配着这些西红柿和白葡萄酒用文火把鸡炖了。厨师把生鸡直接切块。就在准备下锅的时候，他犹豫了：是烤好还是炖好？事情很怪。除非编这个故事的人没及时弄清楚，在做法和配料上，"马伦戈炖鸡"像托斯卡纳的"魔鬼烧鸡"或者罗马的"猎人炖鸡"的小兄弟。相当奇怪的是，先后给孔德伯爵和拿破仑当过厨师的迪南，说这个故事讲的就是他，这是他做的菜。可是，史学家翻了翻档案，竟然发现，马伦戈战役当天，迪南根本就不可能在场……

马伦戈炖鸡

　　1只1.8公斤的肥鸡（让那个富有同情心的肉店老

板把鸡切成块——这样做，有朝一日会降福给您——把鸡胸肉留着，放在鸡骨架上）

　　油

　　1 瓣拍碎了的蒜

　　250 毫升干白葡萄酒

　　250 毫升番茄酱

　　1 根迷迭香

　　把鸡块和蒜放到油锅里翻炒，直到上色。放到白葡萄酒里加热煮融，待收完一半汤汁后，加入捣碎的番茄酱。盖上锅盖，用文火煮 25 分钟。剩最后 5 分钟时，把那根迷迭香放进去。

　　小贴士：吃这种鸡，最好用意大利人的吃法，即不要用含淀粉多的食物当配菜。配上几片烤茄子，或吃起来还有点儿脆生的爆炒蘑菇。

21 奥德翁剧院的盛大舞会
1816 年

拿破仑被流放到与世隔绝的圣赫勒拿岛上，法国人又见波旁家族卷土重来。为了欢迎波旁家族荣归，举行了一系列的庆祝活动。彼时安托南·卡雷姆正执大厨界之牛耳，声名如日中天；他当过沙皇查尔斯-莫里斯·德·塔利兰-佩里戈尔的御厨。拿破仑战败后，欧洲各国首脑云集香槟平原，他们吃的那顿午饭也是他操持的。

1816 年 2 月 21 日，国民自卫军为了同样的理由——庆祝波旁家族荣归——举行了一场盛大舞会。想想吧：三千人的舞会，厨房都安排在小卢森堡宫里，沿花园走，经过沃吉拉尔街，一直到奥德翁剧院。舞厅由九个带有阶梯座位的场地组成。安托南·卡雷姆在《法国膳食总管》里抚今追昔，记下了那天晚上的胜景："奥德翁剧院金碧辉煌，吊灯上的蜡烛成百上千，台前的抱柱一律金装银裹，还装饰着一个巨大的花冠……当时主包厢里坐着王室成员，一等包厢里坐满了宫廷贵妇、公爵和其他地位相当的人，包括议员、部长、大使、元帅。"

精彩的在后面。这三千人可以品尝十多道汤，九十大份肉（以葡萄牙人的做法制成的火腿），火鸡肉冻，近两百个冷头盘（至少有八种做法，比如浓汁炖小山鹑冻），九十种面食（野味凉馅饼、甜油饼等），二百五十道烧烤（用了二十五只包了肥肉片的鹌鹑，以及子鸡和小山鹑）……可是，对一项必要元素，这些描写却简化到只字不提。在这样一场独出心裁、极尽挥霍之能事的盛宴中，在风格这样大胆的建筑里，卡雷姆没有忘记他是个厨师，也没有忘记这么大的排场必须求助的唯一介质，就是味道。他甚至给这种味道取了个名字：肉香质。他著书立说，探索的就是这种肉香质。

他认为肉香质应该是每道菜的精髓所在。这种对菜肴之精髓的愿望和探索，令大部分现代名厨陷入思考，比如费朗·阿德里亚，他把分子理论引入厨房，引发了一场论战；或者，仅就法国而论，若埃尔·罗比雄做奶油夹心烤蛋白时不使用氨。

安托南·卡雷姆是提出这项探索的第一人吗？事实上，声称自己是提出此项探索第一人者，大有人在。

牛肉冻

　　500 克牛肩肉

500 克牛腿肉

半个小牛蹄

1 个嵌入丁香的洋葱

5 粒胡椒

1 扎月桂、百里香等调味香料

2 瓣蒜

2 根胡萝卜

1 个萝卜

2 根葱白

1 根芹菜

盐

胡椒粉

　　把所有的肉和小牛蹄、嵌了丁香的洋葱、花椒粒、1 扎调味香料、蒜都放到一口锅中加水，要漫过锅里的所有东西。把水烧开，撇去沫子。把洗净的菜全部放进锅里，调味。文火煮两个半小时。把肉捞出来。小牛蹄剔骨，切成约 1 厘米厚的片。把胡萝卜、芹菜、葱白和萝卜捞出来，切成段。用细密的小漏斗将汤过滤，把浮在表面上的油脂撇掉，尝尝咸淡调整味道，放在一边晾置。然后把汤倒进钵里，约 1 厘米高，加进几块胡萝卜、萝卜和小牛蹄。放在阴凉处让汤凝固。将肉片、小牛蹄片、胡萝卜、萝卜、葱白和芹菜都放入钵中，倒入剩下的汤。端上桌之前，至少要将肉放在冰箱里冻 12 个小时。

将肉冻从钵里取出，用锋利的刀切成块。

22

当奥尔良的堂兄弟们过着
花天酒地生活的时候……

1830 年

奥尔良公爵这一支的人登上法国国王宝座,对路易十四的子孙来说是个苦涩的消息。路易-菲利普被称为"法国人的国王"(他是路易十六之后第二个得到这一头衔的人),虽然得此头衔,他却依然行事令人惊讶。在督政府和帝制时代,奥尔良系的路易-菲利普亡命他乡,长期流落在美国,不得不去"打工"("打工"是个很不光彩的词),在美丽的波士顿教几节法文课。除了要打工,他甚至可能还不得不学着煮个鸡蛋什么的。

他可能就是在波士顿初尝炒鸡蛋的,这是一道既简单又绝妙的菜肴。盎格鲁-撒克逊人的食谱提供了多种烹调鸡蛋的方法,例如炒鸡蛋、荷包蛋,以及点缀了肥肉片、青菜、蘑菇的煎蛋卷,花样繁多,无穷无尽。

松露炒鸡蛋

4个柴鸡蛋

100 毫升稀奶油

黄油

20 克鲜松露

　　把鸡蛋大致打散，加进奶油。将锅烧热，融化黄油。把混合在一起的鸡蛋和奶油倒进锅里，轻轻翻炒。趁鸡蛋和奶油尚未炒熟的时候，把切成薄片的松露放进去。鲜嫩清脆的松露炒蛋，堪称上品。

23 杜伊勒里宫的大松鸡

1860 年

维克多·雨果嘲笑他是个"小拿破仑"，但嘲笑归嘲笑，在那个悲惨的 6 月过去八年后，拿破仑一世的侄儿还是登上了皇帝的宝座。在当年路易十六匆忙离开（他进了圣殿监狱）的杜伊勒里宫，这个骗子安顿下来以后，就过起了穷奢极欲的生活，并为此沾沾自喜。

1862 年 11 月 12 日，厨师建议他吃一顿好消化的晚饭：王室清炖鸡汤，英式甲鱼汤，洋葱黄油烧羊里脊，土豆牛里脊，炖小牛肉，幼兔慕斯，肉冻，浓汁炖小山鹑，胡椒沙司牛里脊肉，大松鸡，膳食总管小粒菜豆，奶油菊芋，菠萝面包，咖啡冰激凌，层状小方蛋糕。

都是非常经典之物。但是，操控这次味觉之旅的厨师叫朱尔·古费。古费是跟随安托南·卡雷姆开始了作为厨师的职业生涯。他最拿手的是做塔形蛋糕，在这方面极有天赋。他像卡雷姆一样，也出书传艺。他写的厨艺书里，包括几种长条肥肉的做法。他很重视菜色，把"色"提到和"味"同等的高度，其重要性有时甚至超过"味"。他的这份菜单看起来好像十分简单，但你若想象一下肉冻和烤鸡的视觉效果，尤其是作为菜肴装饰品的大松鸡色彩斑斓的羽毛，就会想到呈现在客人面前的丰富色彩，而这正是作者要留给我们的印象。

为小拿破仑烹制的大松鸡

> 1 只大松鸡
>
> 盐
>
> 胡椒粉
>
> 干月桂叶
>
> 洋葱
>
> 分葱
>
> 黄油

　　将大松鸡的翅膀和脚捆住，膛内抹上盐和胡椒粉调味。把干月桂叶、洋葱和分葱通过鸡屁股放进膛内。把大松鸡穿到扦子上，涂上黄油。用180℃的静止温烤制 1 小时 15 分钟。将流下的汤汁抹到鸡身上，试试咸淡。

　　还有另一种做法：如果希望在这道菜里增加咸味，可以用黄酒炖鸡。但得先把大松鸡切成 4 块。每一块都要用精盐和胡椒粉调味，用黄油将鸡块炸至焦黄色。然后加入羊肚菌与 250 毫升黄酒。盖上锅盖，煮 30 至 40 分钟。快关火时加入奶油，加以调味。

24 皇后也食人间烟火

1865 年

1865 年 1 月 19 日是个星期四。在维也纳的皇宫里，从菜单上看，那天给皇帝弗朗索瓦-约瑟夫和皇后伊丽莎白上的菜极其丰盛。保留下来的菜单上用法文写着：一道罗宋汤，几种必有的肉冻，各种鸡（阉鸡、串烤小母鸡）和肉（牛肉）。在是否呈上"拉菲特·德·莫塞勒"酒这一方面，御厨房有点儿犹豫，最后上的还是"玫瑰起泡香槟酒"，看来御厨房的预算有限。

　　不过，宾客可能没闲工夫想这些问题。今天前往皇宫参观的人可以欣赏到皇后饭前使用过的那副体操环，还可以得知皇后很快就让人把体操环搬走了。有时候，因为皇后只吃那么一两口，饥肠辘辘的客人们就只好争先恐后地往萨赫酒店里跑；有时候，她又细嚼慢咽，反复咀嚼，露出齐如编贝的牙齿。

　　关于这张菜单，人们也注意到了，上面有一种 18 世纪中叶流行的油煎薄饼。这是一道法国吃食，安托南·卡雷姆在这上面下过功夫，1815 年 8 月 3 日甚至还给沙皇亚历山大做过一次。与最初的制作方法相比，卡雷姆做了些改进，加了 2 盎司精筛面粉、4 盎司糖、4 块蛋白杏仁甜饼干和一点儿橙花。给沙皇做的那次，他还加了两杯双倍分量的奶油。把这些食材混合一起，还要再加 10 个蛋黄，一起搅拌。最后还出现了一种奥地利人常常使用的油煎鸡蛋饼机。用这种机器做出来的东西，样子像切成方块的点心，热的，带冰糖，蘸李子酱吃。这确是一种美味，条件是得把鸡窝掏空，因为蛋黄的使用数目相当可观。

油煎薄饼

160 克糖

10 个蛋黄

75 克面粉

4 块蛋白杏仁小圆甜饼干，捣碎，过筛（可以用磨成粉的兰斯玫瑰饼干粉替代）

1 汤匙橙花

黄油

把糖和蛋黄搅和到一起。加面粉和蛋白杏仁甜饼粉。加入橙花。让面团醒至少两个小时。用黄油润锅，然后把一小勺面团放到锅里，翻面烹制，手里可以握着一杖金币（法国人的习俗是在制作第一张煎饼时手里握着一枚金币）。

锅底絮语

埃斯科菲耶

　　厨艺史，就是一部发现、革新的历史，其中不乏具有里程碑意义的事件。诚然，自中世纪末期以来，青史留名的古代厨师只有一个阿皮西于斯，但其后的几位名厨，其影响所及，不仅在他们的时代留下了印记，而且还影响了一批后人。书中提及了其中的几位，例如塔耶旺、巴尔托洛梅奥·斯卡皮还有安托南·卡雷姆。不过从影响力上来看，他们中的任何人都不及奥古斯特·埃斯科菲耶。埃斯科菲耶刚出道时，只是个籍籍无名的普罗旺斯厨师。从十三岁起，他就在叔叔的餐馆里做学徒，当上厨师长的时候，他只有十七岁，曾先后在马塞纳俱乐部与菲利普府邸工作。在菲利普府邸时，他已经研发出了名为"美丽的埃莱娜"的巧克力香梨，向奥芬巴赫同年创作的轻歌剧《美丽的埃莱娜》致敬。"美丽的埃莱娜"是替他开创灿烂未来的几道名菜点之一。他已经崭露头角，研发的一些新菜式都妙不可言，很快就成了厨艺方面的经典。当然，并非只有他一人功成名就，特鲁瓦格罗兄弟的酸模鲑鱼还有安德烈·达甘的青胡椒鸭胸肉，也都成了典范。不过，埃斯科菲耶研发的很多菜式的名字神秘又好记，足见其见多识广，颇有才情。

奥古斯特·埃斯科菲耶十八岁时已经出类拔萃，后来自然变得更加不同凡响。19世纪后半叶有两个十分突出的特点，一个是欧洲商业的繁荣，一个是实证主义思想的发展。对埃斯科菲耶来说，这两者都成为其发展厨艺的有利条件。

三十多岁时，埃斯科菲耶成了几家饭店的厨师长，他最初在巴黎和夏纳工作。自1884年起，又先后去了卢塞纳国家大饭店和摩纳哥大饭店，仍然担任厨师长。其间，他在这些饭店建立了班组制度，以确保菜肴的质量稳定，同时还缩短了做菜的时间。他建立的这项制度，早于泰勒提出的科学管理方法。他在大饭店里的地位也使他和老板塞萨尔·里茨走得比较近；1890年，里茨把伦敦的萨瓦饭店委托给埃斯科菲耶管理。在那里，他继续推行了一些办法，合理组织厨房里的工作。他是禁止员工在厨房里吸烟的第一人，除此之外，他还想方设法减少损失和浪费。为此，他发明了价格固定的套餐制（开始时是包桌），以便更好地管理食品供应。

尤为重要的是，他研究了厨房工作的基本原理，对这些工作进行了归纳、分析、调整，加快了厨房劳动的节奏，使之更有成效。正是这一系列的工作，让埃斯科菲耶成为最伟大的厨师。确实，他不仅仅满足于厨房工作的合理化，还努力把自己的知识传播出去，传授给那些厨师长还有普通家庭。第一次世界大战后粮食匮乏，于是他发表了《大米是最好和最有营养的食物》和《廉价生活——鳕鱼》这两部著作，目的在于让最贫困的家庭也能吃得有滋有味。但他最重要的著作还是 1902 年面世的《膳食指南》。在他生前，《膳食指南》分别于 1907 年、1912 年和 1921 年三次再版发行。

这部皇皇巨著并非我们今天所理解的那种膳食指南，反而更像是一本分类学著作。埃斯科菲耶将烹饪法详细分解，使之可以重新组合，还可以花样翻新。这样做的结果就是他为现当代烹饪法打下了基础，以至于当今的厨师，不管是否意识到了这一点，都无不从埃斯科菲耶那里学到了最基础的知识。

25 三个皇帝和一只鸭子
1867 年

特拉法加和滑铁卢惨败之后，法国和英国之间的竞争已经不再是直接的军事对抗，转而成为工业和殖民领域的对抗。尽管发生了制度的更迭，巴黎还是在1798年举办了一场法国工业产品博览会。作为回应，伦敦于1851年举办了一场万国工业品博览会，即第一届万国博览会。

竞争至此开始，之后的25年间这两大邻国竞相攀比，要在奢侈豪华方面一比高下；其他国家随后也加入其中。首批大规模展示的东西里，留下了一些奇特建筑，比如水晶宫、埃菲尔铁塔，或一些传奇性建筑。

1867年7月6日，在巴黎举办的第二届万国博览会进入高潮，引来了世界各国首脑。普鲁士国王威廉一世想趁机加强与俄国的联系，遂邀请亚历山大二世和皇太子，即未来的亚历山大三世，与他在英国咖啡厅共进晚餐；在场的人里就有奥托·冯·俾斯麦伯爵。这顿晚餐后来以"三皇宴"闻名于世（虽然两位被邀请的客人是在事过很久之后才登上了皇位），场地豪华，排场讲究，客人尊贵。

这是英国咖啡厅的巅峰时刻。英国咖啡厅坐落在意大利人大街，从阿道夫·杜格莱雷开始，咖啡厅恢复了餐食供应，已经成了巴黎、欧洲乃至西方世界最受欢迎的餐厅。阿道夫在英国咖啡厅研发了杰米尼汤和安娜烧土豆，并奠定了它的显赫声名，在《幻灭》《情感教育》和《追忆似水年华》里均有提及。英国咖啡厅之所以出名，是因其菜式传统，且臻于至善。

杜格莱雷制定的菜单就证实了这一点。在菜单里有宫式舒芙蕾、干酪丝烤大菱鲆、烧羔羊里脊、巴黎风味烩龙虾、香槟果汁冰糕、雪鹀、半球形冰激凌。特别是还有一道从鲁昂的王冠客栈学来的菜，这道菜已征服了巴黎人的餐桌，成了法式大餐中的一道招牌菜：鲁昂烤鸭。所谓的膳食总管菜肴，其最精致之处，是要当着客人的面将菜肴准备好，并在把菜肴端给客人的时候，将酱汁调好。

酒要配得上菜肴。那天喝的酒，窖藏年份都超过了 20 年。除了马德拉葡萄酒和赫雷斯白葡萄酒以外，最多的是波尔多葡萄酒，特别是拉菲葡萄酒（常常被认为是 19 世纪酿造得最好的红葡萄酒），1847 年出的滴金庄酒（一般认为 1847 年的滴金庄酒是这种酒里年份最佳者）。勃艮第葡萄酒只有一种，即 1846 年的尚贝坦红葡萄酒。话是这么说，但喝得最多的还是香槟——路易王妃香槟，沙皇对这种酒情有独钟。数年之后，专门装路易王妃香槟酒的水晶瓶就面世了，那是特地为沙皇制造的，享有盛名。

丰盛的菜肴显然没能使沙皇尽兴。凌晨1点，沙皇对典礼官克洛迪于斯·比代尔抱怨说，没给他上鹅肝。比代尔向他解释，说吃法式大餐，习惯上6月里不上鹅肝。不过，阿道夫·杜格莱雷关照了，说秋天一到，就会给他寄去3罐鹅肝。

这顿过度奢华的美味晚宴，在巴黎轶事上留下了浓墨重彩的一笔。除此之外，对于俾斯麦而言，这次的晚宴甚至可能主要还是一个机会，使他得以推进计划，为德意志帝国的建立做好了准备。一年以后，日耳曼联邦垮台，德意志帝国建立。

鲁昂烤乳鸭

20克分葱末

百里香

干桂叶

1瓶红葡萄酒（最好是勃艮第的红葡萄酒）

500毫升小牛肉汤

3只带血的鲁昂鸭（为使血不流失，要闷杀而非宰

杀）及其内脏

盐

胡椒粉

4味香料

100毫升白兰地

100毫升波尔图葡萄酒

半个柠檬

20克黄油

把分葱末、百里香、干桂叶和红葡萄酒倒进锅里，慢慢熬，直到水分几乎完全蒸发，变成浆糊状。倒入小牛肉高汤，文火煮近一个小时，收汤，直到能挂上调羹（这种沙司的名字叫波尔多调味汁）。把烤箱预热到210℃，旋转温。把内脏放到鸭肚里，放入烤箱，烤20分钟。然后把烤箱温度降到160℃。卸下鸭腿重新放入炉内，一直烤到菜上了桌，并且客人们吃完第一道菜。把鸭心和鸭肝切碎，放到小漏斗里，过滤入波尔多调味汁中，做成鲁昂调味汤汁。加盐、胡椒粉、4味香料调味。最好当着食客的面，将白兰地在锅里点燃，把鲁昂调味汁倒入白兰地中。稍微烧开，倒入波尔图葡萄酒和柠檬汁。在搅拌器里搅拌好。然后把做好的调味汁和黄油混合在一起搅拌（搅拌的时候，把黄油一小块一小块地放进去，可以让调味汁看起来光滑明亮）。试试咸淡。

　　剔下鸭里脊，去皮，切成薄片，蘸上调味汁，和芹菜泥或多菲内奶油烙土豆一起端上桌。待鸭里脊吃完，再将鸭腿和绿色的沙拉一起端上桌，沙拉里需要加入不太酸的醋酸沙司。

26 在东方快车上
1869 年

在火车、飞机或轮船上做菜，有的时候还是一手绝活呢！厨师得适应交通工具的晃动以及狭窄的空间。必须有条不紊，还得料事如神。膳食总管同样需要有保持平衡的基本常识。这可能就说明了，东方快车为何会提供这样的菜单。神秘的东方快车，从巴黎开出，经维也纳、布达佩斯、布加勒斯特，到达伊斯坦布尔。车上还没发生阿加莎·克里斯蒂写的谋杀案，种种限制都很有道理。短时间内准备各式烤肉，另外准备调味汁，蔬菜常常是英式做法——整个烹调，都很简单。

　　在这些菜肴里，我们会看到，头盘里有木薯粉圆汤。做这么一道汤算不上有什么创意，不过，木薯粉圆的宿命和鲑鱼的宿命却十分相似。由于大量供应，在整个 20 世纪 70 年代，这道菜不可或缺。排名第一的菜是木薯粉圆汤，排名第二的是以各种不同形式出现的酸模鲑鱼。于是，这两种食物就都变成了大规模消费的食品。在今天，这两种食物的口感非常糟糕。圣诞节促销的鲑鱼口感和橡胶接近。至于木薯粉圆，除了跟普通的火腿片一起做一道菜，已经没有多大用处。很遗憾，因为圆圆的颗粒入口极爽，所以还是值得费一番功夫去寻找。

木薯粉圆汤

> 1 个大洋葱
>
> 180 克胡萝卜
>
> 300 克韭葱
>
> 2 根芹菜
>
> 1 扎月桂、百里香等调味香料
>
> 2 瓣蒜
>
> 2 个丁香
>
> 鸡汤
>
> 200 克西红柿，或一盒番茄酱
>
> 100 克木薯粉圆
>
> 盐
>
> 2 到 4 根香叶芹

把洋葱切成两瓣，放进锅里煸炒。将所有的菜去皮洗净，把胡萝卜、韭葱和两根芹菜切成薄片。往煸洋葱的锅里放 100 克胡萝卜、200 克韭葱、50 克芹菜、调味香料、蒜、和 2 个丁香。倒入鸡汤，漫过锅里的所有食材。用文火煮 30 分钟，然后用小漏斗过滤汤汁。把剩下的菜，即 80 克胡萝卜、100 克韭葱、50 克芹菜和 200 克西红柿或一盒番茄酱，放到一起搅拌。把汤和搅拌好的蔬菜倒进炖锅。慢慢搅动，直到煮沸，再煮半个小时。把木薯粉圆放入加了盐的一大锅滚水里（英式煮法），一旦变脆，立刻捞出来，用凉水拔一下。再把汤再滤一遍，将粉圆放进去，调味，装饰好香叶芹后端上桌。

27

厨艺傍名人自高身价，
或曰公关厨师出世

1880 年

下馆子前先要打听一下厨师长是谁。这种在今天看起来很自然的事，其实没有多长时间的历史。起初，小型饭馆是出门在外时吃饭的地方，半路上打个尖（旅途中休息进食）。而在自己家里，或到了目的地，就都是接待了：在家里接待客人，或者在外面做客，被人接待。

　　19世纪时，这套规矩被打乱了。在市民社会，不再请人来家里演戏，而是去看戏，出现了很多当今意义上的剧院和歌剧院，餐馆则渐渐变成了社交场所。19世纪初，英国咖啡厅接待门房与马夫。可是，自从搬到意大利人大街而且阿道夫·杜格莱雷当了厨师长以后，英国咖啡厅就变成了拿破仑三世时代巴黎最受欢迎的饭庄。饭店大受欢迎，显然与菜肴质量有关，但阿道夫·杜格莱雷的公关意识也起到了很大作用。那么，他又是如何用最著名客人的名字命名自己的菜肴，从而给人留下更深刻的印象呢？

　　在这方面，杜格莱雷堪称大师。有个侨居巴黎的意大利作曲家，喜食肉、鹅肝和松露，杜格莱雷就为他创制了一道菜，取名"罗西尼牛排"。在19世纪中叶，这是烹饪领域的一个异端，今天却成了他为现代厨艺所做的一个重大贡献。在类似的公关活动中，他专门为军人研发过几道菜，比如给叙谢元帅创制过"阿尔布菲拉炖小鸡"。他也给半上流社会那些担当首都夜生活主力军的女人创制过菜肴，如"安娜烧土豆"，用的就是安娜·德利永的名字。他曾用法国银行一位老行长的名字命名了一道酸模汤，即"热米尼汤"，这应该堪称一项壮举。

在远离巴黎的尼斯，有个年轻厨师开始了自己的职业生涯。此人名叫奥古斯特·埃斯科菲耶，是厨师中的翘楚，所著的《膳食指南》至今仍无人超越。他还是位企业巨头，而且，虽非社交界中人，却是一位公关高手。1864年，他借奥芬巴赫滑稽轻歌剧《美丽的埃莱娜》大获成功的机会，给一道用梨子做的甜食取名为"美丽的埃莱娜"。来到巴黎后，他在小红磨坊工作，把一道沙拉献给了欧也妮皇后，把一种圆模馅饼献给了加里巴尔迪。文学界也以此种方式受到赞扬，有美味的"乔治桑鸡胸肉冻"，也有"萨拉-贝尔纳草莓"。不过，他在这方面的才能表现得最出色的一次，却是他最初的那个鸣谢之举。从1889年起，他就在伦敦的萨瓦饭店当厨师，而澳大利亚女高音歌唱家内利·梅尔巴在这家饭店一住就是两年。女歌唱家对埃斯科菲耶的厨艺非常满意，甚至于 1894 年在考文特花园剧院给这位法国厨师留了两个座位，请他去看她演出的《天鹅骑士》。第二天，到了吃甜食的时候，为了对梅尔巴表示感谢，埃斯科菲耶让人给她端上来一只巨大的冰雕天鹅，天鹅的两个翅膀之间夹着一只大口酒杯，里面只放了一客香草冰激凌，上面盖着一块水煮白桃，还有一点儿鲜覆盆子酱。奥古斯特·埃斯科菲耶的声望，再加上当时最伟大的女高音歌唱家的美名，尽管这道甜食如此普通，还是让冰雕天鹅香草冰激凌在饭店里大获成功。即便从 1920 年起人们画蛇添足地在冰淇淋上掼了奶油，加了烤杏仁，使这道简易的甜食失去了本色，但它的盛名依然不衰。

不过，还是回过头来说那道开山鼻祖罗西尼牛排吧！

罗西尼牛排（供 6 人食用， 30 分钟）

　　6 片切片面包

　　6 块上好的牛里脊（最好是 6 块从牛里脊上切下来的腓里）

　　1 叶生鹅肝

　　1 个松露

　　25 克黄油

100 毫升马德拉葡萄酒

把切片面包切成牛排形状的小块，放进烤箱里烤制。

把鹅肝和松露切成厚厚的 6 片。把牛排放进平底锅，用黄油煎到想要的熟度。碟子里放上烤好的面包片，面包片上放上煎好的牛排，再用原先使用过的平底锅快煎鹅肝（每面煎 30 秒）。

将鹅肝放到罗西尼牛排上，再在上面放一片松露。将马德拉葡萄酒倒进锅里，和留在锅里的汁液一起加热煮融。将酱汁倒到牛排上。

28 散文诗般的宴会
1895 年

法国大革命造成了社会秩序的诸多混乱，其中有一项就是对19世纪的法国饮食习惯产生了深刻影响。

　　早在1789年7月18日，维莱特侯爵就已经鼓励巴黎市民，让他们把饭桌搬到户外，举办一场集体宴会，以庆祝4天前的突发事件。诚然，此项提议在当时没有得到真正的响应，但很快就在各地开花结果，此后的很多政治性会议就都是在饭桌上开的。面对历届不民主的制度，反对派——即复辟时期的自由派，七月王朝时期的共和派，第二帝国时期的奥尔良派或共和派——纷纷采用了这种方式。在传统手段，即出版和公开言论，都要受当地权力机关控制的时候，这种介乎私人空间和公共场所之间的宴会，就成了发表自由言论的地方，并在传统方式，即新闻界与公共舆论，受到当权者监控时，成为表达思想的替代场所。

　　第三共和国宣布成立，并未使这种做法销声匿迹。恰恰相反，这样的饮宴形式还掀起了一个高潮。对于不同的政治派别——分得权力一杯羹并因为反对波拿巴主义而走到一起——而言，这样的宴会是发表政治言论的地方。一次宴会散场后，萨迪·卡尔诺遭遇暗杀。

也许就是因为喜欢在宴会上觥筹交错一展口才吧，自19世纪中叶起，除政治性宴会外，对文人学士来说，文学性的宴会也变成不可或缺的了。有的文学界宴会还造成了丑闻。比如，1868年4月10日圣伯夫举办的那场宴会。出席宴会的宾客主要有居斯塔夫·福楼拜、埃内斯特·勒南和皇帝的堂弟拿破仑-热罗姆，上的菜里有烤野鸡和红烧牛里脊。因为1868年4月10日是个星期五，而且是个应该斋戒的圣星期五，这几个亵渎宗教的作家竟敢在这样的日子里大吃大喝，于是他们在长时间内成了人们议论的对象。在第三共和国治下，艺术运动、诅咒派诗人、象征派诗人都是借着参加宴会的机会聚到一起的。

那个时候，没有人设专宴欢迎，会变成缺乏成就的标志，有些作家会因此而感到难过。埃德蒙·龚古尔就有过这样的遭遇。在他兄弟朱尔·龚古尔去世以后，埃德蒙·龚古尔的文笔尖刻依旧，但不再那么引人入胜，而作为第二帝国时期宴会上的常客，他发现自己这颗明星到了共和国时期却黯淡下来。这其实也没什么了不起。两兄弟之所以能青史留名，靠的主要是他们发表的《龚古尔兄弟日记》，那是因为他们两个人都是社交高手。发现自己不再是宴会上的主宾之后，埃德蒙就自拉自唱，为自己举办了一场宴会。他受到了嘲笑，这一点势所难免，尤其受到了《费加罗报》的嘲笑，那可是19世纪末报道文学界社交活动的标杆，举足轻重。可是，出于宴会的豪华，与推杯换盏之际那些几近夸张的侃侃而谈，这场宴会竟作为诗文酒宴的典范，永垂青史，而作为设宴起因的虚荣心却很快就被忘得一干二净了。如果不是把法国百合汤当甜食，并围绕着当时宴会上不可或缺的布里亚-萨瓦兰牛排高谈阔论，这场宴会的菜单堪称经典。

布里亚-萨瓦兰牛排

    1个松露

    1只野鸡

    1整块重1.5公斤的牛里脊

    150克熏脯肉，切成大块肉丁

    1片薄片肥肉

    2根胡萝卜

    2个洋葱

    1片厚巴约纳火腿（100克）

    100毫升白兰地

    1扎月桂、百里香等调味香料

1 瓶香槟

500 毫升鸡汤

50 克黄油

　　削掉松露皮（留下削皮时从松露上脱落的食材），切成细条。割下野鸡里脊和大腿。把里脊切成细条，鸡腿留作他用（封斋期间建议用鱼肉丸子）。把牛里脊均匀切开，嵌上肉丁、松露条和野鸡里脊条。用肥肉薄片把里脊裹起来，捆结实。将烤箱预热至200℃，旋转温。将胡萝卜和洋葱去皮，切成小圆片。把巴约纳火腿切成丁。把锅放到火上，用大火把里脊的各个面煎黄（无需黄油，包烤肉的肉片上的油脂即可）。倒入白兰地，烧开并燃起火苗。加入胡萝卜、洋葱、调味香料、火腿和削松露时掉下来的食材。倒入香槟和鸡汤。放入烤箱烹调 40 分钟（半生不熟）到 1 小时 10 分钟（火候正好）。从炖锅里取出里脊，保温。用小漏勺把汤过滤，倒入锅中用大火收汤，剩下一半汤汁即可。打发黄油（或者像卡莱姆那样加鹅肝）调味汁；黄油块要一点一点地加，加入黄油块的同时要大力搅拌，直到调味汁变得晶莹而柔滑。

　　把里脊切成薄片，连同装在调味汁瓶里的调味汁一起端上餐桌。

锅底絮语

宴会

在公元前 5 世纪的古希腊，宴会成了自由人之间社交生活的一项基本活动。不过，尽管我们把"συμπσ σιου"译成了"宴会"，但严格说来，那种"宴会"并非我们今天所说的宴会。酒、音乐和舞蹈在这种宴会的第二部分起主要作用，这一点确定无疑——有时宴会中会穿插着哲学讨论，至少柏拉图是这样描述的。反过来，吃吃喝喝的第一部分只具有实用意义。宴会第一部分应该主要满足的是天然的需求，而不是感官的快乐。宴会上的主要食物是面包、奶酪和橄榄。到了公元前 4 世纪，宴会上才有了禽类菜肴，马其顿的希波洛科斯①可以证明，不过总的说来，宴会上的食物非常简单。

要想观察美食的进步，得前往地中海的另一个地区转转。伊特鲁里亚地区的中心位于托斯卡纳和今天的拉丁姆北部，直抵罗马郊外。伊特鲁立亚地区见证了一种文明的整个发展过程，从种种方面来看，这种文明至今依旧保持其神秘性，因为我们无法读懂它的文字。不过，非常明显的是，美食享乐在这种文明中起着

---

① 马其顿的希波洛科斯：这里指公元前 3 世纪的作家。

重要作用。吞并该地区之前，罗马人对伊特鲁里亚文明极为欣赏，这一点有文件可证明。不少文件都高度赞扬伊特鲁里亚人的精致饮食，有时也会出现过度赞扬的倾向。另外，早在罗马人之前，希腊人就已经披露过伊特鲁里亚人举行的宴会饮食丰盛、性欲放纵。

事实上，真正创立宴会的，是性喜将不同文明融合成一体的罗马人。他们重新拾起古希腊人社交礼仪的规则，将饮食和娱乐融为一体，宴会成为个人亮相和加强与亲人联系的方式。他们又从伊特鲁里亚人那里学会了讲究口味，在饮食上细心选择、精心烹制、花样翻新——一次宴会至少上四道菜，有时会更多。罗马人让这种饮食变得更加精致，还特别加入了几道让人大吃一惊的菜品，这些菜里有时会藏着活生生的动物。尤其是他们总是把事情做到极致。比如，古罗马诗人马提亚尔在自己的一首讽刺诗中就提到过，宴会上备有羽毛，客人在吃饱喝足后，可以用羽毛搔喉咙。反应是避免不了的，结果是肚子又空了，客人可以再次大快朵颐。

29 卢库勒斯、鹅肝和塞德港

1897 年

1899 年 12 月 17 日，斐迪南·德·雷赛布威武雄壮的雕像在塞德港揭幕。时值冬日，埃及的气候确实温和。在为揭幕典礼举行的宴会上，人们精心准备，端上了埃及总督汤、罗马贵族卢库勒斯一口酥、摄政时期风味的加了猪膘的小火鸡、嫩里脊配香草酱汁、马拉加斯酸樱桃酒果汁蛋糕、几块涂抹了松露和大蒜的勒芒面包、一道蔬菜沙拉、奶油沙司芦笋、几块神圣同盟时代风味的野鸡肉馅凉馅饼、杂色半球冰激凌，以及萨瓦的各色点心，当然还有奶酪和餐后点心。

　　不觉得有什么不对劲儿吗？这是在埃及，却没有一道东方菜肴。没有无花果，没有椰枣，也没有粗粒小麦粉之类的东方食物，什么都没有。这份菜单上的菜，从用鸭鹅肝（多为鸭肝）做的卢库勒斯一口酥算起，在法国讲究吃喝的人家的餐桌上，都能占有一席之地。当然，你会告诉我，说埃及是鹅肝的发源地。但不管是谁，只要对法国这个古老殖民帝国的大使馆和这类菜单感兴趣，都会从中发现，官员们不辞劳苦，不惜代价，风雨兼程，用飞机运、火车载，一直都在为制作经典的餐饮而忙碌着。苏伊士运河雕像揭幕典礼的宴会，印证了这一点。

***

卢库勒斯一口酥

    100 克淡黄油

    275 克半熟的鸭肝

    精盐

    胡椒粉

    10 毫升白兰地

    50 毫升波尔图红葡萄酒

    400 克熟熏牛舌

    100 毫升肉冻

    20 克松露

    拿出黄油，让黄油在常温下软化。把鸭肝、盐、胡椒粉、10 毫升白兰地、10 毫升波尔图红葡萄酒和软化了的黄油放到一只碗里，用手快速搅拌。把熏牛舌切成片，越薄越好，然后再切成长方形的形状。把牛舌片放到食品薄膜上。在一个长方形的模具中，一层鸭肝与一层干牛舌交替摆放。然后放入冰箱里冷藏一个小时左右。加热肉冻，倒入剩下的波尔图红葡萄酒（40 毫升）。从模具中把卢库勒斯一口酥取出来，铺上松露薄片，用刷子涂上肉冻。重新放入冰箱里，至少冷藏一个小时。

30 给皇后做的布丁

1899 年

这并非一定就是那个"背信弃义的阿尔比恩"① 王国国王和王后们的习惯。不过，由于一个奇怪的机缘巧合，年轻的印度皇后和不那么年轻的大不列颠维多利亚女王的菜单，落到了我们手里。因此，我们才清楚在 1899 年的圣诞之夜给女王上的是什么菜肴。除了一道汤和一道圣诞节不可或缺的布丁，女王还点了火鸡和大菱鲆。

过圣诞节的传统来自君主，为的是把子孙们都聚集到自己身边，以国家基石的形象亮相，昭告世人，君主制已经只是个咨询机制了。今天的我们只能记得在穿刺方面"阿尔贝亲王"这个术语的含义，却不记得布丁食谱上"阿尔贝亲王"的所指，那就只能感慨下这类宴会所要求的组织工作了。比如，要是女王在奥斯本宫过圣诞节的话，吃的食物常常都是专列运来的。

现在人们偶尔会将布丁放在餐巾里挂上几个礼拜，没人知道

① 是大不列颠最古老的名字。用这个名字称呼英国，含有轻蔑的意思。

在当时人们是不是也会这么做。布丁是英国的一个象征，很多史学家对它的历史很感兴趣。布丁出现的原因之一是在于干果保存食物的能力。起初，秋天里宰杀的牲口，肉切成薄片，跟浸过肾脏油脂的水果一起保存，将肉片和水果都放到模具里。从那时起，源于同一祖先的两种不同的食物就出现了，一种是奶油水果肉塔饼，另一种是淡而无味的汤。圣诞布丁终于逐渐被大家接受了。因此，如果在这道菜的成分里看到有肾脏脂肪，也就没什么可大惊小怪的了。布丁的黑色源于所用的甘蔗蜜糖和红糖。

李子布丁（供12个人食用）

500克牛肾脏脂肪（肉店里可买到）

2个柠檬

125克糖渍橙子皮

125克糖渍樱桃

125克去皮杏仁

500克浅黄色葡萄干

500克士麦那葡萄

250克科林斯葡萄

500克面包屑

125 克面粉

25 克磨碎了的牙买加辣椒

25 克磨碎了的桂皮

半个磨成粉末的核桃

一点盐

300 毫升奶

8 个鸡蛋

60 毫升 + 250 毫升朗姆酒

125 克黄油

250 克糖粉

提前三个礼拜，对，三个礼拜，将肾脏脂肪切成小块。

柠檬去皮，挤出汁水。把橙子皮、樱桃、柠檬皮和杏仁放到一起剁碎。把剁碎了的食材、各种葡萄、面包屑、面粉、调味品和一点盐放进一只大碗里，搅拌在一起。倒进牛奶拌匀。将鸡蛋一个一个地磕入碗中搅拌均匀。把 60 毫升朗姆酒和柠檬汁倒进去。揉面，直到把所有的食材都揉在一起，成为一个面团。在纱布上撒一层薄面，把面团揉成球形，用纱布裹紧，捆结实，放入稍微煮开的水里文火煮四个小时。不打开纱布，放在阴凉处保存至少三个礼拜。

吃布丁的那天，在炖锅里隔水加热两个小时。把黄油和糖粉放在一起，搅拌均匀，直到食材变成白色的奶油状。一点一点地加入 150 毫升朗姆酒。取出布丁。将 100 毫升朗姆酒烧开。倒在布丁上面，把酒点燃，将布丁连同甜黄油沙司（朗姆酒、糖和黄油做成的沙司）一起端上桌。

31 万国博览会上的 22,965 份朗姆酒水果蛋糕

1900 年

1900 年 9 月 22 日，为庆祝万国博览会开幕，在巴黎举办了一场盛大的宴会。不少于 22,965 位客人应邀出席。同一时间给22,965 位客人上菜，是个挑战。

选定的菜谱要服从这种非同寻常的限制性。冰镇三文鱼鱼片这一凉菜占主要地位。此外还有乳鸭面包与片肉卷，这些菜肴的优势在于可以提前准备好。有一个组织者没有预见的细节成为历史上的趣闻。这天的菜单里有一道"美景堡牛里脊"。你会说，这是一道凉菜。但这原本是为国王的情人蓬巴杜夫人创制的一道菜，那时她正住在美景城堡。至于餐后点心，撑门面就得靠另一种叫朗姆酒水果蛋糕的糕点了。朗姆酒水果蛋糕也是一道经典美食。

很久以来，朗姆酒水果蛋糕一直是一种特别精致的糕点，做起来很费功夫。没有电烤箱，没有芽床（一种很湿润的小烤箱），发面在当时确实是一个挑战。以致于在很长时间里，做法中都明确指出，朗姆酒水果蛋糕不能"受风寒"。那时制作成功的朗姆酒水果蛋糕用马德尔葡萄酒或马拉加葡萄酒浸泡（不是像今天这样用朗姆酒），或者可以更简单地用加了藏红花粉的果汁浸泡。

朗姆酒水果蛋糕（朗姆巴巴）

准备做朗姆酒水果蛋糕的面团（500克面团可以做两个朗姆酒水果蛋糕）：

75克黄油

7克面包店用的专业酵母

100毫升全脂牛奶

250克面粉

6克盐（1.5咖啡匙的量）

3个鸡蛋

6克细砂糖（1.5咖啡匙的量）

准备果汁：

350克细砂糖

3汤匙琥珀色陈朗姆酒

准备做朗姆酒水果蛋糕的面团：黄油回温，至少 20 分钟。把酵母、两汤匙奶、面粉和盐放入碗里，用刮刀慢慢搅动。在 8 至 10 分钟里，一点一点把鸡蛋打进去，转动和面的碗，让鸡蛋慢慢和面团成为一体。然后再放入剩下的牛奶、糖和黄油。面团应该很光滑。把面团放入不锈钢容器里，用食用薄膜包好，放进烤箱，保持温度，让面团至少发 30 分钟。

与此同时准备果汁：把所有的食材放在一起，煮开。一沸即停，将果汁从火上移开。果汁温度应该跟室温相同。将烤箱预热到 200℃，静止温。在朗姆酒水果蛋糕模具里涂上黄油，然后把面团放进去。烤 15 分钟后取出。将蛋糕放到一个铁箅子上，反复浇果汁，直至蛋糕浸透。

吃的时候，往蛋糕上抹点儿热的杏子酱。吃起来味道好极了。

32 沉船前的闪电泡芙
1911 年

1911 年 4 月 14 日，"泰坦尼克"号头等舱的旅客看到盛着餐后点心的小推车过来了。客人们得煞费斟酌才能在华多夫蛋糕、冰镇蜜桃、配了香草冰激凌的巧克力闪电泡芙之间做出选择。

　　有一道自 16 世纪起就声名大噪的甜食，在过去被人们称为"公爵夫人面包"，是一种用泡芙面包和奶油制作的甜食。如果想按照老式夹心面包的做法制作，就得加点儿带香料的尚蒂伊奶油和果酱。为了让点心表面变得光鲜明亮，要把巧克力闪电泡芙整个放入熬到一定温度的糖浆里（如果糖浆是凉的，巧克力闪电泡芙会变硬，容易碎）。

　　"泰坦尼克"号上的面点厨师不会想到，那天他做了一生中最后一道甜点。这种面食的特别之处在于，在火上烤干之后，在烤箱里烤的时候还要再烤干一次。这样一来，就差不多和做奶油夹心烤蛋白一样，烤出来的点心外焦里嫩。

　　弗朗索瓦·马西亚洛的书中首次对糕点奶油的制作方法进行

了说明。书里说的就是用一个打蛋器打搅鸡蛋，将面粉和牛奶加入打好了的鸡蛋中，然后放到灶上烧就行了。

巧克力奶油酥

准备糕点奶油：

500 毫升全脂牛奶

1 个香子兰果实

6 个蛋黄

150 克细砂糖

40 克玉米淀粉

准备泡芙面团：

110 克黄油

400 毫升全脂牛奶

200 毫升水

4 咖啡匙盐

140 克 55 号白面粉

4 咖啡匙糖

10 个鸡蛋

从糕点奶油开始：把牛奶和香子兰果实一起煮开，浸泡 30 分钟。将鸡蛋和糖混合在一起搅拌。快速加入玉米淀粉，与蛋糖搅拌成一体。加一大汤勺热牛奶，以提升温度，然后把蛋-糖混合物倒入牛奶中，烧开。奶油一旦变稠，就立即关火。糕点奶油不是浆状混合物，而是一种刚刚凝结的奶油。放入冰箱保存。

做泡芙面团：把黄油倒入混在一起的牛奶和水里化开，加盐后烧开，把面粉和糖一起倒进去。用抹刀翻拌。用一分钟的时间让面团收水。打鸡蛋。一边将鸡蛋一点一点加进去，一边不停地搅拌，动作要快。然后把面团放进裱花袋里，挤成 8 厘米长、2 厘米宽的条状。用叉子划出槽来，用刷子在表面刷些水。放入烤箱用 200℃的温度烤制 15 分钟，然后将温度降到 180℃，再烤制 10 分钟左右。

用糕点奶油把条酥填满，上面再涂一层冰糖和蛋白的混合酱汁。

小贴士：所有的奶油都需放过一夜。因此，提前一天将糕点奶油准备好。同理，离火后糕点奶油就会凝固，要快速关火，不能犹豫。最后，多余的泡芙面团可以在冰箱里储存一个礼拜，也可以放在冷冻柜里储存更长时间，再次使用时可以掺入陈孔泰干酪末（为面团重量的 1/5），可以做奶油酥饼，或者加同样重量的土豆泥做炸丸子。

33 菊花宝座和香槟酒
1927 年

昭和三年（1928） 11月，裕仁天皇举行了即位大礼。传统的漫长加冕仪式老早就确定下来了，因此人们就一直期待着加冕宴可以展现帝国的种种风俗和习惯。令人惊讶的是，日本的风俗和习惯竟一样都没有得到展示。加冕宴的菜单是法文的，菜肴中的亚洲元素被降到了最低。的确，头盘是清炖甲鱼汤。但接下来的就都是法国菜了：蜜饯沙司虹鳟鱼、美景堡风味的鹌鹑冻、什锦烧牛里脊、香槟酒果汁冰糕、牛髓沙司芹菜、松露烤仔火鸡、宫廷布丁。餐桌上摆的是香槟酒。在这一点上，倒是符合香槟酒久远历史的常规：从诞生的那一天起，香槟酒就在世界各国的餐桌上占有一席之地。

　　对这种酒的爱好从17世纪就开始了。软木酒瓶塞、油浸过的麻绳、玻璃的厚度、葡萄的组合，样样都有改进，而所有的这一切改进，都得益于欧维莱尔本笃会修道院的唐·佩里尼翁（1638—1715），修道院掌管储藏室的修士。18世纪末，香槟酒越过了修道院的小径，逐渐变成了一些家族经营交易的商品。于是，出现了弗洛朗斯-路易·埃德西克家族与克洛德·莫埃家族，后者于1745年也改进了葡萄的组合。还必须提提皮埃尔-尼古拉-玛丽·皮埃尔-茹埃与博兰热家族，他们是18世纪后半叶香槟酿制领域的佼佼者。到了19世纪，女性在丈夫故去后开始管理企业，比方说波默里夫人、佩里耶夫人和克利科夫人。

很早以前，香槟酒的买卖就是一宗竞争十分激烈的生意。日后打造出"克利科寡妇"这个品牌的芭布-尼科尔·克利科-蓬萨尔丹，在一封信件中表达了自己对随处可见的"吕纳尔香槟酒"的愤怒，并扬言要痛击竞争对手。向沙皇俄国出口的香槟酒，占克利科寡妇酒庄出口总量的三分之二。克利科寡妇酒庄的对手不是别人，正是获取了特许权、成为"领有营业执照的供应商"的弗洛朗斯-路易·埃德西克酒庄。大家几乎忘却了香槟也是一种酒，而且这种酒也遭到过种种限制。

香槟酒果汁冰糕

　　400毫升玫瑰色香槟酒

　　400毫升28℃糖浆（即将400克糖加入400毫升水中，直到糖完全融化）

　　1.5升矿泉水

1 个柠檬的柠檬汁

把所有这些食材都放进果汁冰糕调制器里。端上桌的时候，加一块美味的瓦形杏仁饼干，或一块覆盆子果汁冰糕（用 400 毫升 28℃糖浆、500 克覆盆子和 2 汤匙柠檬汁做成）。做这种特别香甜可口的果汁冰糕时，使用自家制作的掼奶油加一个香子兰果实，也能得到同样完美的效果。

小贴士：应该在制作好后的几个小时内品尝这种果汁冰糕。

34 两头老狮子和一块圣诞布丁

1941 年

1941 年 12 月。英国在德国的西线上战斗，孤立无援。法国战败，西班牙和葡萄牙正式宣布中立，西欧的大部分和东欧都已经处于德国的控制之下。人们对闪电战的攻击记忆犹新，即使英国皇家空军已经控制了英国战场的制空权，人们仍然心有余悸。但是，12 月 7 日，东条英机发动对珍珠港海军基地的突袭，把美国这样一个有分量的盟友卷入战争，打破了力量的均势。还不止于此，对温斯顿·丘吉尔来说，这个新盟友比他那个讨厌的搭档苏联要可靠多了。苏联在东线坚持着，做出了巨大牺牲。

　　说来也巧，12 月 7 日，丘吉尔和美国大使约翰·G. 怀南特、罗斯福特使威廉·艾夫里尔·哈里曼及其女儿凯瑟琳共进晚餐，那天是凯瑟琳的生日。当天晚上，丘吉尔即决定前往华盛顿。他有三个目标。他要态度极为鲜明地突出两个大国之间的联合，这样做的结果，是德国于 12 月 11 日向美国宣战。最重要的是，他想确保美国源源不断地支持英国的作战，也就是说，在这场如今已经变成全球性的冲突中，确保欧洲成为享有优先权的援助对象。丘吉尔于 12 月 12 日登船，十天之后抵达华盛顿附近的汉普顿港锚地。他在白宫盘桓了三个星期。

　　丘吉尔的到来，使富兰克林和埃莉诺·罗斯福之间本来就不总是风平浪静的夫妻生活，又多了个更加紧张的因素。丘吉尔的访问是秘密的，因此，埃莉诺在贵客临门时才得知此事。当时她正在为喜迎圣诞做着准备，在经受考验的重要时刻，这本应该是一段家人随意相处的时光，却来了一位有种种癖好的不速之客，还是个有点儿怪僻的工作狂。所幸此人颇有交际手腕，很快就得到了全家人的欢心，一点一点地，饭食里开始慢慢出现了合他口味的菜肴。12 月 24 日晚上，人们要吃一顿传统的圣诞大餐，至少在 1941 年的美国东海岸是如此。他们吃了牡蛎、菜豆栗子火鸡、菜花、红薯炖肉块和甜柚奶酪，特别是还有一道必不可少的布丁。在此之前，因为缺乏对彼此的了解，喜欢吃猪脚和腌酸菜的总统，也给首相端上了这些食物，当时首相说觉得这些东西"很好，是种黏糊糊的食物"。富兰克林·罗斯福打算补救，就又让人做了盎格鲁-印度菜系里的一道经典美食：鸡蛋葱豆饭。其实，这道吃食与其说是印度菜，不如说是英国菜。但不管怎么说，丘吉尔像往常一样，依然表现得像个彬彬有礼的客人，而他不请自来造成的不便很快也就被淡忘了。不管怎样，他这趟长途跋涉的旅行在大西洋两岸之间建立起了紧密的联盟，这很可能就是第二次世界大战外交上的一个转折点。

鸡蛋葱豆饭

> 500 克熏鳕鱼
>
> 2 片桂叶
>
> 200 克印度香米，淘洗干净且沥干
>
> 盐
>
> 4 个大鸡蛋
>
> 100 克去皮小豌豆
>
> 40 克黄油
>
> 1 汤匙油
>
> 1 个洋葱
>
> 满满 1 汤匙咖喱粉
>
> 3 汤匙鲜奶油
>
> 1/2 捆切碎的香芹
>
> 胡椒粉
>
> 半个柠檬

把熏鳕鱼放到锅里，有皮的那一面向上。加 1/2 升凉水和桂叶，烧到微开，继续煮 8 至 10 分钟，直到鱼肉能很容易地脱骨为止。将熏鳕鱼沥干，汤留下，桂叶扔掉。把留下的汤倒进锅里，加入香米。盖上盖，煮开，然后用文火煮 10 分钟收汤。关火，放置 3 至 5 分钟，直到米把汤完全吸收。这时把中号锅里加了盐的水烧开，放入鸡蛋，煮 8 分钟。把鸡蛋捞出来，过凉水，直到温度降到可以操作。剥开鸡蛋，放在一边。将小豌豆放进滚开的、加了盐的水里煮 10 分钟，沥干。把黄油和油在煎锅里化开，放进洋葱，用文火翻炒 5 分钟，直到洋葱变软。加入咖喱粉，不停地翻炒 3 分钟。加入煮熟的米饭搅拌，然后加入豌豆、奶油、香芹、胡椒粉，再次搅拌。把鱼肉弄碎，放入煎锅。把半个柠檬的汁水挤进锅里，慢慢搅动。把鸡蛋切成 4 块，放到上面，盖上锅盖，让鸡蛋热上三五分钟。

趁热端上桌。

35 丘吉尔鲟鱼

1942 年

温斯顿·丘吉尔一向十分自信。确切地说，他是对自己的游说才能十分自信。这种能力，再加上他的迷人风度，使他成为一个令人生畏的谈判对手。而这一点，不管面对的是秉性随和的罗斯福，还是性子暴躁的斯大林，都一样。

1942 年夏天，丘吉尔抵达莫斯科，他的习惯丝毫未改：他先洗了个澡。斯大林为这头老狮子准备了极丰盛的早餐：鱼子酱、点心、巧克力、水果、咖啡、煎蛋卷。 8 月 14 日克里姆林宫主人提供的晚餐，没露出一点儿会让人觉得这个国家正经历着物资匮乏的迹象。上了 15 道冷盘（光鱼子酱就两种），跟着是 8 道热菜。餐后点心有果汁蛋糕、利口甜酒，还有许多奶油小点心。

不过，大快朵颐之前，得入乡随俗，先喝酒。在干了 25 次杯后，丘吉尔有点儿招架不住，他平生第一次松开了黑领带。丘吉尔在他写的书里曾专门注明，那天晚上斯大林吃得很少。不过，尽管这种麻雀般的小食量可能会使人怀疑英苏关系的牢固程度，丘吉尔却依然相信斯大林热情友好，两个人很谈得来。他的感觉不完全错。克里姆林宫想得很周到，在丘吉尔回程的行李中放进了一个丰盛的野餐食盒，特为这头老狮子准备了鱼子酱和香槟。想得如此周到，无疑表示出两大帝国在反纳粹的战争中是团结一致的，尽管两国在政治上没有共同利益可言。不管怎么说，丘吉尔曾不止一次地吹嘘过这次访问的迷人之处。

香槟酒烧鲟鱼

    4 根紫胡萝卜

    4 根黄胡萝卜

    油

    8 个鸡蛋

    15 克玉米淀粉

    125 毫升稀奶油

    盐

    胡椒粉

    2 根分葱

    细香葱

    4 段鲟鱼排（每段 240 克）

    100 毫升鱼汁调料

250 毫升干香槟酒

120 克黄油

　　将烤箱预热到 180℃。削掉胡萝卜皮，用切片器把胡萝卜切成薄片，然后再精细地把薄胡萝卜片切成宽窄相同的小片。在硅胶质地的松饼模具上抹油，把胡萝卜片贴到模具上，从边缘开始向中间贴，贴一片紫胡萝卜片，再贴一片黄胡萝卜片，依此类推，直到把模具贴填满为止。在玉米淀粉中打入一个鸡蛋搅拌，然后加进 125 毫升稀奶油，加盐与胡椒粉调味。把这些混合好的食材倒入每个松饼模具中心，放入烤箱烤制 30 分钟。把分葱和细香葱剪成丝，撒在抹了黄油的烤盘上。把鲟鱼排放在上面，然后加入 100 毫升的热鱼汁调料和一杯香槟酒，最后撒盐调味，放入烤箱烤制 10 分钟后取出，将鲟鱼排肉留下。把烤鱼汁倒进一个小锅里收汤。分离蛋白和蛋黄，把蛋黄放进小煎锅，倒入剩下的香槟酒和浓缩烤鱼汁。像打蛋黄酱一样搅打 5 分钟。把黄油切成小块，用小火化开。撇出乳清（即锅里的白色液体）。将精炼过的黄油倒入蛋黄酱，慢慢搅拌，直到食材完全融为一体。

　　把蛋黄酱放在热盘子里垫底（盘子必须是热的），然后在上面放好鲟鱼排。上菜时，搭配胡萝卜泥。

锅底絮语

利口甜酒

"无须锻炼，有威士忌和雪茄，足矣!"温斯顿·丘吉尔的健康观点稍显挑衅。不过，这种观点却证实在20世纪的习俗中，存在过这样一种根深蒂固的生活方式，虽然近些年来的饮食健康观念已经在很大程度上使这种观点退居次要地位。

不过，边吸烟边喝酒这种癖好出现时间相对较晚。虽然蒸馏过程到20世纪初才被人们认知，但早在12世纪，人们便使用这种方法制造生命之水了。另外，"生命之水"（苏格兰盖尔人叫uisghe beatha，意思也是"生命之水"，也就是我们今天说的"威士忌"）这个名字本身也证实，这种出自研制长生不老药的炼丹术士之手的东西，是用来防腐的，是药不是酒，其意义在医学方面。纳瓦尔国王"恶人查理"生病后，让人用这种东西浸湿床单；这可能导致了他的死亡，因为笨手笨脚的仆人把手里的蜡烛打翻了。

直到17世纪，由荷兰商人用刺柏子酿制的纯净洁白或加了香料的生命之水，才从药物变成酒。18世纪，苏格兰人有了一项根本发现。当时，英国人痴迷雷赫斯白葡萄酒和波尔多葡萄酒，而苏格兰的酿造者也已经习惯重复使用装进口酒的酒桶。他们发现，长时间存放在这种大桶里的威士忌会有一种特殊的味道和颜色。很快，白兰地酿造者与阿尔马涅克酒酿造者也开始采用这种储酒方式。于是，到了19世纪，对利口酒的爱好就从大不列颠岛传到了欧洲大陆。

在家境殷实的家庭里，利口甜酒取代了餐具撤下去后上的最后一道离席点心（是作为餐后点心饮用的，正如其名字所指的那样）。18世纪，烟草受到人们的赏识，不分男女，但用来吸的烟草却被认为是男性的专属。烟草可以被制成雪茄，或在克里米亚战争之后，被制成烟卷；土耳其大兵将烟卷介绍给法英盟友。这样一来，饭后的习惯就有了性别的区分，男人到专门装修的房间里去吸烟喝酒，以免让烟酒的味道扩散到整个家里。这样一来，就变得"雪茄和利口甜酒形影不离"了。

36 给三巨头准备的一道汤
1943 年

战争已持续了 4 年之久。 1943 年 2 月 2 日，斯大林格勒战役结束，接着库尔斯克战役于 7 月结束，这两次战役成为战争的战略转折点。此后，盟国不再满足于遏制德国军队的推进，它们已经让德国军队止步，甚至开始对其进行反攻，至少东线上的情况是这样。西西里岛登陆促使意大利停战。德国人立即侵入意大利半岛，并将盟军挡在蒙特卡西诺。不过，此后世界似乎就会出现另一番景象了。

　　温斯顿·丘吉尔向富兰克林·罗斯福和约瑟夫·斯大林提议，三人见面开个会，并提议在伦敦举行第一次会议。建议基本上得到接受，但斯大林要求会议在德黑兰召开，即在正由苏联和英国共同占领的伊朗举行；至于这样的长途跋涉给两位盟友带来的困难，就不加考虑了。11 月 28 日至 12 月 1 日，三巨头在伊朗首都相聚。在两个大国的占领下，年轻的伊朗国王穆罕默德·礼萨·巴列维只能退居扮演礼宾官这样无足轻重的角色，甚至没有被邀请参加会议期间举行的宴会。

会议当然讨论了未来的战事："霸王行动"就是在这次会议上确定的；另外，丘吉尔还对斯大林宣布，在南斯拉夫，他准备支持铁托和他的游击队，而不是原来那些王党分子。战后的世界地图也画出来了。根据罗斯福的提议，建立国际组织的原则被接受，并确定将德国分裂为几个占领区，把东普鲁士划归苏联，但波兰边界悬而未决，因为斯大林坚持己见。

　　就这样，三方都在一边谈判，一边抓紧时间展示自己的伟大、强盛并表达自己的观点。三巨头在三个晚上轮流坐庄请客。第一个晚上罗斯福宴请宾客，没留下什么值得回忆的东西。11月29日晚上，斯大林举办了第二次宴会，我们没找到菜单，但我们知道宴会中主人和丘吉尔舌战的情况：丘吉尔离席而去，走出宴会厅，然后是斯大林道歉，又把丘吉尔请了回来。第三天晚上，轮到丘吉尔请客了。这天不是个等闲的日子：11月30日是首相的69岁生日。菜单虽然比较简朴，晚宴还是十分讲究的：波斯汤、里海虹鳟鱼，火鸡、波斯冰灯、奶酪舒芙蕾。但一次意外给这次的盛宴打上了印记。波斯冰灯其实就是一道冰激凌，事先在里面放了一支蜡烛，人们可以透过冰激凌看到蜡烛在燃烧。这道精致甜品端上来的时候，斯大林正在发表演讲；端盘子的服务员被甜点吸引住了，忘了要把盘子端正。在温度和重力的双重作用下，甜点化成水，流到斯大林的翻译弗拉基米尔·尼古拉耶维奇·巴甫洛夫的头发上，巴甫洛夫一惊，引得宾客们哄堂大笑。

波斯汤

75 克鹰嘴豆

75 克红豆

1 个大洋葱

3 汤匙油

25 克鲜香菜

25 克香芹

25 克小茴香

1 撮盐

1 汤匙姜黄

75 克绿色小扁豆

1 瓣蒜

2 汤匙干薄荷

150 克做波斯汤用的面条或扁面条

2 汤匙酸奶

把鹰嘴豆和红豆泡 12 个小时。

将洋葱切成细丝，用两汤匙油煎，直到洋葱丝变成黄色。将蔬菜切细，放进炒好的洋葱中搅拌均匀，加盐与姜黄炒 1 分钟。加 1 升水，再把干菜放进去。把水烧开，盖上锅盖，小火煮 1 个小时。把蒜切碎，用少许油煎黄，搁在一边。将干薄荷如法炮制，也搁在一边。把面条放进汤里，煮 10 分钟。

用蒜末、薄荷与酸奶作点缀。

37 雅尔塔烤羊肉
1945 年

德黑兰会议开过一年多之后，形势巨变，尽管还不尽如人意。西线，法国基本已经完全解放，德国人已经被赶出意大利，但战事在莱茵河附近僵持不下。东线，苏联军队快速挺进，1945 年 2 月，苏军已经推进到离柏林不到 100 公里的地方。相反，在太平洋战场上，日本虽然退到东南亚和波利尼西亚，但它的意志没有减弱，冲突似乎注定还要旷日持久地延续下去。

最终三巨头又进行了一次会晤，以便尽快结束战争。几个月以前，大家还都以为战争不会拖过 1944 年。此次会晤还要着手对战后的地缘政治做一番调整，以达到新的平衡。斯大林和苏联人在力量上占据优势：他们控制着欧洲，并且另外两位盟友又需要苏联人加入对日作战，恢复亚洲的和平。可是，若说德黑兰会议给斯大林留下了什么不美好的回忆，那就是他不得不乘坐飞机，这是他平生第一次乘坐飞机。他不想再重复那种体验，又一次强行指定了会议地点。这一次是在他的地盘上，即克里米亚的海水疗养地雅尔塔。

会议的结果已经尽人皆知：苏联人答应，在德国投降 3 个月后参加对日作战，欧洲被分成了几个势力范围，德国被割裂为 3 个占领区（在波茨坦会议上又变成了 4 个），波兰的边境向西移动，苏联从中受益，德国利益受损。

对美国人和英国人而言，会议的进程十分艰难。罗斯福身体抱恙，长途跋涉，通过大部分地区还处于战争之中的欧洲，让他费心劳神，他的身体有时十分虚弱。会议闭幕两个月以后，他就去世了。雅尔塔已失去了海水疗养地的辉煌，乏善可陈。地雷和船只残骸堵塞了港口。美国和英国的轮船只好停在距离雅尔塔 90 公里的塞瓦斯托波尔，这使罗斯福和丘吉尔与各自国家的通讯变得十分困难。日后丘吉尔把这处海水疗养地描写成了希腊神话中"冥府里的黑河"，说他能从那里生还，只因为"带了大量的威士忌，能够抵御伤寒，杀死虱子"。会议持续了 6 天，但只举行过 3 次正式晚宴。第一次晚宴是罗斯福请客，最后一次是丘吉尔做东，两次宴会，差别惊人。第一次晚宴当然有不少鱼子酱和伏特加，但后面的菜肴就是纯粹美式的了，有烘肉卷，有美国南方炸鸡。与此相反，在英国人举办的晚宴上，满桌子都是当地特产，有鲱鱼、三文鱼和萝卜炖乳猪。这样一来，差别就十分突出了：美国人的菜谱似乎已经在宣布文明之间的冲突，雅尔塔的震动就是这种冲突的第一波；而丘吉尔却不改一向的优雅风度，甚至还给格鲁吉亚人斯大林上了一道格鲁吉亚风味的菜：烤羊肉。

烤羊肉

　　1 公斤剔骨羔羊腿肉

　　1 束香芹

　　1 束小茴香

　　4 个分葱

　　4 瓣蒜

　　200 毫升红酒醋

　　200 毫升石榴汁

　　100 毫升橄榄油

　　4 汤匙胡椒粒

　　4 汤匙粗盐

　　做核桃酱的食材：

　　2 瓣蒜

　　1 根葱

　　250 克去壳核桃

2 汤匙切碎了的细香葱

1 束香菜

2 个柠檬

2 个蛋黄

1 撮藏红花

1/4 咖啡匙辣椒粉

一点儿桂皮

4 粒胡椒

1 撮盐

250 毫升鸡汤

6 个洋葱

前一天要切去羔羊腿上的肥肉并洗净，将羊腿切成方块，放入一只大色拉碗里。把香芹、小茴香和分葱切碎，将蒜瓣捣碎。把香芹末、小茴香末、分葱末、蒜泥、酒醋、石榴汁、油、胡椒和盐放在一起，用力搅拌，然后浇到肉上。必要时，再加些水，漫过肉去。腌泡一整夜。

制做核桃酱：用臼将蒜、分葱、核桃、细香葱和香菜捣碎。捣的时候，将两个柠檬的汁、蛋黄和调味品一点点加入，然后倒进滚烫的鸡汤，要不停地捣。如果调料酱需要重新加热，要用炖锅隔水加热，不能烧开。

　　将洋葱切成 4 块。把羔羊肉块与洋葱块串到扦子上。四面烤肉，直到肉色变黄。撤掉扦子，撒上香菜末，立刻与酱汁一起端上桌。

38 埃塞俄比亚皇帝
享用的冰激凌
1959 年

1959 年，海尔·塞拉西一世来到法国，这时他还不知道这是他人生中最后的平静时光。7 个月前，戴高乐刚刚卸任总统。塞拉西皇帝在自己的大使馆宴请卸任总统。照片上的两个人不顾夏日的炎热盛装打扮：戴高乐穿着燕尾服，戴着荣誉团的颈饰；塞拉西穿的是军装，佩戴着勋章绶带。在法国国庆日 4 天后举行的这次晚宴，是对经典法国厨艺的回应。第一道菜是马德里风味的清炖汤，主菜是美景堡虹鳟鱼、鲁昂吐司片、樱桃乳鸭，餐后甜点是覆盆子冰激凌。菜单极具欧洲经典特色，给人留下深刻印象，其唯一的异域特色仅在于这顿饭是在一个外国使馆里吃的。这样的选择证明了"二战"后法国大餐的实力和影响力。法国大餐已经成了政治和社交中最考究的选择。这份菜单于夏季的炎热有点儿不太适合：头盘是清炖汤，主菜是鲁昂吐司片还有樱桃乳鸭。只有作为餐后点心出现的普通冰激凌能带来一丝凉爽。

　　普通的冰激凌？还真不普通呢！这里说的"冰激凌"是一道冷点，其特点是用蛋黄制作，像普通冰激凌，但又被打发得像杏仁果酱小蛋糕，就是说要长时间摇动冰激凌调制器，直到混合进无数细小的气泡，让冰激凌变得美味可口为止。需要补充的一点是，跟制作果汁冰糕和普通冰激凌相反，制作这种冰激凌的器具没有装配制冰机。

覆盆子冰激凌

    用于做香草部分的食材：

    250 毫升全脂牛奶

    200 克砂糖

    1 个肉厚的香子兰果实

    6 个蛋黄

    用于做覆盆子果汁冰糕的材料：

    500 克新鲜覆盆子

    用 400 毫升水和 200 克糖熬成的 28℃的糖水 450 毫升

    250 毫升掼奶油

在冰箱的冷冻室里放一只碗（盛掼奶油用）。

把牛奶烧开，里面放一半分量的糖和已经砸开去皮的香子兰果实，浸泡 30 分钟。快速搅打蛋黄与剩下的砂糖，打发速度要快，直至打发成白色。加入一大汤勺奶。将这两种食材混合起来，再放回火上熬煮，出现小气泡后立即关火。与此同时，准备覆盆子果汁冰糕。取 500 克覆盆子搅碎，加入 450 毫升糖水，放进果汁冰糕调制器里。用搅拌器以中等速度搅拌 10 分钟，到凉下来为止。接着，再慢慢搅拌 20 分钟。此刻，冰激凌机里的混合食材已经有了果酱蛋糕的黏稠度。放进冰箱里冷藏 1 个小时。加入掼奶油搅拌均匀。

在圆形甜点模具里先铺一层冰激凌，再铺一层果汁蛋糕，一层一层地铺完。然后立刻放进冷冻室里，至少冷冻 3 个小时。

EMPIRE d'ETHIOPIE

39 新边界和肉汁排骨

1961 年

候选人票数势均力敌。1960 年 11 月 8 日，相貌堂堂、长得像爱情剧里男主角一般的信奉天主教的民主党人，只高出他那位共和党对手 120,000 票。约翰·菲茨杰拉德·肯尼迪打败了理查德·尼克松，确属险胜，却成了美国历史上选出的最年轻的总统。美国盼望着政治和缓，开始相信黑人和白人是平等的。人们仰望星空。新的希望出现了，猪湾事件、达拉斯枪击事件，此时还都没有发生，未来似乎在向一个自信又自豪的美国引吭高歌。

　　两个多月后，这种陶醉达到了顶点。1 月 19 日，在年轻俊朗的总统即将就职之际，弗兰克·辛纳屈和彼得·劳福德组织了一场总统就职前舞会。好莱坞和百老汇的人员几乎悉数到场。仅仅是几乎全员到场，因为未来的总统肯尼迪听了父亲的劝告，要求明星小萨米·戴维斯别来，显然是因为害怕招来对这位娶了瑞典女人为妻的黑人犹太教徒的负面评论。当晚，一场暴风雪袭来，整个城市陷入瘫痪。

尽管如此，就职仪式仍然在 1 月 20 日如期举行。仪式从一项挑战开始：举行仪式之前，约翰去望了弥撒，以这样的方式，在这个 WASP（"白人盎格鲁-撒克逊新教徒"的英文缩写）依旧占多数的国家里，确认了自己的天主教信仰；在这个国家，一个爱尔兰裔的天主教教徒当选为总统，有时并不被人们看好。接着，就职仪式在国会山开始。虽然天气寒冷，－6℃，总统却没穿大衣。宣誓完毕，他转身面向人群，发表了他的就职演说，既简短，又有煽动力。这是美国历史上最简短的就职演说之一，但也是让人印象最深刻的就职演说之一，通篇围绕着权力和义务的关系这个核心。"不要问您的国家能为您做些什么，而要问您能为您的国家做些什么"，"我们不因害怕而谈判，但不害怕谈判"，很明显，总统想要看到的，是一个和眼下这个世界不同的世界。至于就职典礼上演奏的音乐，是由美国当时最伟大的作曲家和指挥家伦纳德·伯恩斯坦创作的铜管乐曲。

　　令人相当吃惊的是，在总统宣布在政治上要与过去决裂的当口，参议院餐厅为客人准备的是最经典的午餐：甘美的西红柿浓汤、蟹黄丸子、清水龙虾、肉汁牛排、炒青豆角、煨番茄、香柚鳄梨色拉和甜点。这类稳定的东西似乎可以使国家的根基永固，即使动荡即将来临。

肉汁牛排

    2 瓶上等红葡萄酒

    1 升牛肉汤

    500 毫升波尔图红葡萄酒

    7 瓣蒜

    1 个从头到尾破成两半的洋葱

    2 片桂叶

    3 咖啡匙干百里香

    一块 3 公斤重的牛排骨

    盐

    胡椒粉

    香芹

把上等红葡萄酒、牛肉汤、波尔图葡萄酒、3 瓣蒜、葱、干桂叶和 1 咖啡匙百里香混合在一起，放进一口大锅里，烧开收汤，直到只剩下 500 毫升汤汁（大约 1 个小时）。用小漏斗或细纱布过滤汤汁。将烤箱预热到 220℃，旋转温。把剩下的几瓣蒜砸碎。把蒜和剩下的百里香抹在牛排骨上，再多撒些盐和胡椒粉。将牛排骨置于烤盘中，椎骨在下，烤 1 个小时。拿厨用锡纸包好，再继续烤 20 分钟。撇去流到烤盘上的油渍，倒上收了汤的浇汁，大火烧开，加热煮融（把粘在烤盘底上的食材都回收起来）。

把排骨切成块儿。端上桌时，香芹要裹在排骨上面，同时将装有浇汁的调味瓶端上。

40 夏尔·戴高乐接待和蔼可亲的杰奎琳·肯尼迪

1961 年

永远不要吐露真情，不管是在枕边还是在别的地方。需要证据，是吗？　1961 年 5 月，杰奎琳·肯尼迪跟随丈夫正式访问法国。期间各大报刊都登出了他们参加各项活动的照片。公众都还记得她戴的钻石戒指，记得在爱丽舍宫当着伟大的夏尔的面给她送上的吐司片。菜单上写着：巴黎风味的凉拌龙虾、烤奥尔洛夫小牛腿内侧肉、佩里格尔鹅肝冻、色拉、甜瓜水果拼盘。都是总统府厨房里的精品。至于酒，酒窖里什么酒都不缺、1953 年的琼瑶浆、1952 年的博恩丘-格里夫园干白，还有 1952 年的玛姆红带特级干型香槟。

　　可是，若干年之后，这位善解人意的第一夫人跟历史学家阿瑟·施莱辛格是怎么说的呢？"我嫁给 J. 肯尼迪的时候，戴高乐是我的偶像。"开头挺不错。可惜，提及他们的访问时，她又加了一句："他太惹人讨厌了。"紧接着又脱口而出："我讨厌法国人……他们不让人感到亲切，只顾自己。"

　　这样一来，你就会觉得肚子里的东西难消化了。

巴黎风味凉拌龙虾

　　1 只 1.5 至 2 公斤重的上好龙虾

　　粗海盐

　　1 大扎月桂、百里香等调味香料

　　1 个极鲜的蛋黄

　　1 咖啡匙芥末酱

　　食用细盐

　　研磨机研磨出来的黑胡椒粒

　　250 毫升葵花籽油

　　1 小袋即食肉冻

　　把龙虾平捆在一个小木板上，虾螯向后。锅里倒满水，放入
一把粗海盐。把水烧开，放入调味香料。将龙虾放进锅里，滚水
煮 15 分钟。捞出龙虾，放在一边晾凉，平捆在木板上不要解
开。龙虾头朝下沥水。准备芥末调味汁。把蛋黄、芥末酱、盐、
胡椒和葵花籽油混合在一起。一滴一滴将油倒进去，同时还要有
规律地搅拌。依照使用说明准备肉冻。肉冻成形后，取两三咖啡

匙肉冻放入蛋黄酱中。留好剩下的肉冻。龙虾放凉后，立即把绳子解开。切龙虾，取下虾尾，切成小薄片。虾肉要切成小方块，将芥末调味汁倒在虾肉块上，搅拌均匀，然后分放入干酪蛋糕模具中，放入冰箱冷藏。

　　整齐均匀地把龙虾摆在盘子里。

41

摇滚乐、流行歌曲
和浇上蛋黄酱的半蛋

1965 年

约翰·列侬好像说过："在那天听到猫王唱歌之前，不曾有任何东西令我感动过。没有猫王，就不会有披头士。"可是，欣赏还真不是相互的，1964 年披头士第一次来到美国的时候，他们没能见到猫王。1965 年，披头士第二次去美国，才有了更多的机会。在洛杉矶待了几天之后， 8 月 27 日，一行人终于受到猫王的邀请，当时猫王正在录制那首很快就被人遗忘了的《能给人带来快乐的红棕发美人》。

　　大众音乐两座里程碑式人物之间的这次相会，是在晚上 10 点过后一会儿。猫王精心调整了他那几位年轻竞争对手到来的时间，四人到大客厅来见他的时候，看到电视开着但声音已经关掉，猫王团队的人围坐在电视周围，正在轻声地弹着吉他。这几个英国人被镇摄住了，一时说不出话来，于是猫王就来了这么一句： "要是你们打算就坐在那里这么盯着我看，我可要去睡了。"这么一句话就足以打破冷场。有人拿来吉他，猫王和披头士这五位音乐家就开始了即兴合奏，演奏的曲子里有茜拉·布莱克的那首《你就是我的整个世界》。

夜已深，弹了会儿吉他后，是该吃点儿什么了。猫王的女厨师阿尔维纳·罗伊已经在张罗饭食。因为夜已深，她不可能搞出什么花样来，所以猫王和披头士传奇四人组一起吃的这顿饭，跟在外省车站餐馆里的饭出奇地相似：熏猪肉鸡肝、糖醋肉丸子、浇上蛋黄酱的半蛋、蟹肉、冷肉拼盘、奶酪、水果。

浇上蛋黄酱的半蛋

　　　　7 个鸡蛋

　　　　1 咖啡匙芥末酱

　　　　盐

　　　　胡椒粉

　　　　200 毫升油

　　　　1 咖啡匙苹果醋或柠檬汁

　　　　辣椒粉

　　把 6 个鸡蛋放在开水里煮 10 分钟。与此同时，将第 7 个鸡蛋的蛋黄与蛋清分离。蛋清放在一边，留做他用。把芥末酱放入蛋黄中，再加盐与胡椒粉搅拌，同时一点一点地往里倒油，打发成蛋黄酱。加入苹果醋或柠檬汁。搅拌均匀。取出 60 毫升蛋黄酱，剩下的留做他用。把 6 个煮好的鸡蛋放进凉水里，去壳，竖着切，一切两半。取出蛋黄，放入蛋黄酱肉，捣碎，然后用调羹或裱花袋将蛋黄酱填到煮熟的鸡蛋心里（即原来蛋黄所在的地方）。撒上辣椒粉，端上桌。

42

借助筷子、炸鸭胗肝和木耳实现的和缓

1972 年

1968 年的春天过后，某些关于更加公正、更加开放且更具有世界性的社会的梦想似乎破灭了。1968 年秋，理查德·尼克松当选为美国总统，列昂尼德·勃列日涅夫当选为苏共总书记，越南战争陷入胶着状态：一切似乎都预示着国际关系的气候将变得更加寒冷。然而，也许正因为危险似乎如此迫近，外交家的幕后活动才变得十分繁忙。在剑拔弩张的表面背后，由亨利·基辛格率领的美国人和由周恩来总理率领的中国人，正在为调和关系忙碌着，因为在两大阵营中，现实主义的外交政策已成为主流。从 1971 年在名古屋举行的世乒赛开始，两国乒乓球队的往来就为这种交往打起了掩护。

难以置信的事就这样发生了：1972 年 2 月 21 日至 28 日，理查德·尼克松访问了中国，在那里他会见了毛泽东。尼克松的到访得到了精心的组织安排，所以第一天晚上周恩来就为美国总统举行了盛大的欢迎晚宴。晚宴在距离紫禁城不远的天安门广场西侧的人民大会堂举行。更重要的是，尽管存在时差问题，全球数百万观众还是通过电视直播看到了晚宴盛况。

菜单奇特。中国厨师为来访客人着想，加进了一些合乎他们口味的菜肴；这是一项了不起的挑战，因为两国之间的文化交流实际上已经中断数十年了。他们认为美国人喜欢吃大虾，于是就上了两道有大虾的菜，虽然北京菜中实际上没有大虾，就像没有面包和黄油一样。不过也上了传统的北京菜，比如炸鸭胗肝、鱼翅羹和芥末叶炒木耳。饮料有橙汁、葡萄酒，特别要提一下的是茅台。这种用高粱酿造的酒，对于不习惯喝的人来说，嗓子受不了。全程报道尼克松访华的纽约时报记者把这种酒描绘为纯石油，而一位为尼克松此行做准备的外交官曾经叮嘱他，无论如何总统也不能用这种酒干杯。

可是，尼克松一边毫不犹豫地一杯一杯地干了送到面前的斟满的茅台酒（蹙了蹙眉），一边熟练地用筷子夹菜。让他觉得面露难色的只有炸鸭胗肝。这次访问和盛宴带来的一个意想不到的结果，就是中餐馆在美国各大都市遍地开花，尤其是大家都开始寻找比以往更地道的北京菜。

炸鸭胗肝，芥末叶炒木耳

  750 克鸭内脏（鸭胗和鸭心）

2 咖啡匙酱油

半咖啡匙糖

半咖啡匙磨碎了的白胡椒

1 撮卡宴辣椒

1 块浓汤宝（鸡汤）

500 克绿芥末叶（也可以用甜菜叶替代）

8 个大干木耳

2 汤匙鸭油

2 汤匙玉米淀粉

1 汤匙油

1 咖啡匙盐

1 咖啡匙蚝油

洗净内脏。烧开 1 升水，烫煮内脏，然后捞出，使之立即变凉。

把浓汤宝放进锅中，加酱油、糖、胡椒、辣椒（不用放盐，因为有酱油了）。把汤烧开，将内脏倒进锅里，汤汁需没过内脏。盖上锅盖，文火煮 15 分钟，不时地搅动搅动。然后捞出来晾着（鸭胗干凉着吃，这可能更让尼克松总统感到吃惊）。把芥末叶子切成 5 厘米宽的长条。把木耳放在碗中温水泡发 20 分钟，捞出来，挤干，发木耳的水留着。将每个木耳切成四块，沾上鸭油，撒上 1 汤匙玉米淀粉。把剩下的玉米淀粉倒进鸡汤里，搅拌，直到淀粉完全化开为止。把油烧热，将裹上面糊的木耳朝下炒 1 分钟。加盐和蚝油，接着再炒 1 分钟。加入鸡汤和芥末叶。鸡汤烧开后煮 3 分钟，不停地搅拌。

趁热端上桌。

43 令人生厌的交谈
1974 年

1975 年，保罗·博屈斯获得荣誉骑士勋章。他不是第一个获得此项殊荣的厨师，奥古斯特·埃斯科菲耶比他得到的早。两个人都是因为军功获得此项荣誉的，埃斯科菲耶参加过 1870 年的法普战争，博屈斯参加过第二次世界大战。

　　获此殊荣，博屈斯想要点儿什么呢？受邀参加一个电视节目时，他向在场的爱丽舍宫官员提出，无需在总统府客厅里举行盛大招待会，他只想跟几个朋友一起吃顿午饭，但爱丽舍宫总管米歇尔·勒·塞尔沃一定得是座上宾。这件事儿说起来容易。特鲁瓦格罗兄弟、米歇尔·盖拉尔、阿兰·沙佩尔、路易·乌捷、罗歇·韦尔热、夏尔·巴里耶、保罗和让-皮埃尔·阿贝兰、莫里斯·贝尔纳雄、皮埃尔·拉波特等都在被邀请者之列。这些人都是当代勤行的一时之选，新式烹饪大师中年富力强的一代翘楚，声名如日中天。名单里还要加上《快报》食评文章专栏记者克洛德·若利。女宾只容两位，即保罗·博屈斯夫人和总统夫人。

　　在这群伙伴里，每个人都必须选做一道菜。博屈斯负责做头盘，特鲁瓦格罗兄弟烧鱼，米歇尔·盖拉尔做家禽类菜肴，罗歇·韦尔热负责沙拉，莫里斯·贝尔纳雄做甜点。在新式烹饪中有着固定的人所共知的要素：酸模三文鱼片，一味近乎经典的菜肴，是特鲁瓦格罗兄弟的招牌菜（而且注定了要被模仿，但仿品极其差劲，很多饭馆承办非常隆重的宴会时都有过这种遭遇），"克洛德·若利"鸭（差不多就是个汉堡包，一层鸭肉片，一层带肉冻的鸭肝）。还有两道新研发的菜式，一道头盘，一道餐后点心。餐后点心里的创新是在普通的杏仁果酱小蛋糕上加了一层巧克力奶油，上面点缀了一个用雪利酒泡过的樱桃，最后撒上些用机器刨出的巧克力薄片，增加点儿视觉效果。至于头盘，那是博屈斯这位荣誉团新成员的独门绝技，一道松露汤。

　　我们还记得，1974 至 1975 年的冬天是个多雨的冬天。松露大获丰收。松露供应商居约先生和迪马先生都在抱怨松露产量过剩，价格暴跌。就在这年冬天，博屈斯和保罗·阿贝兰一起采集并品尝了布里亚-萨瓦兰说的那种"黑钻石"松露。做法极简单，端上来的时候，陶制的小烤锅里只有用一片叶子盖着的松露，没有什么别的东西。味道鲜美，令博屈斯对保罗·阿贝兰赞不绝口。阿贝兰私下里说，自己只不过是从鸡肉派的做法中得到了启发，传统的鸡肉派上就盖着一层千层酥皮。类似的想法埃斯科菲耶可能也有过，只是形式略有不同而已。博屈斯还记起，有人把很多切碎了的松露放到煎鸡蛋里，还有人把松露放到汤里，就放在蔬菜上面。

从那时起，博屈斯就有了自己的配料：松露；有了自己的烹调方式：做汤；有了自己的发明：一层千层酥。

这套做法他做过实验。在伊泽尔经营面粉生意的弗朗索瓦·肖拉成了他的第一个试验对象。肖拉把汤碗上的那层酥皮打碎，品尝了起来。整体上非常爽口，由于有那层被打碎了的酥皮，还有打碎酥皮时散发出来的那股香味，肖拉品尝的汤有着前所未有的鲜美味道。因此，这道松露汤就打上了一代大师的灵性标记。

松露汤

2 板鸡汤冻（如果你把上个星期天吃的鸡骨架留下来的话也可以自己煮）

盐

150 克鸡胸肉

100 克芹菜

2 根上等胡萝卜

8 个直径 3 厘米的口蘑

80 克鲜松露，或 120 克熟松露

60 克熟鹅肝

4 汤匙努瓦里白葡萄酒

250 克千层酥皮

2 个蛋黄

　　将 500 毫升水加入鸡汤冻，让鸡汤冻化开。在鸡胸肉上抹盐（一点儿即可），然后放入汤中（汤里已经加过盐……），煮 6 分钟，捞出，沥干。洗芹菜，摘净。洗胡萝卜，切碎。蘑菇也要切碎，只要蘑菇头（切成 1 厘米大小的块儿）。将松露切成薄片，鹅肝切成小方块。往汤碗里倒入 1 汤匙努瓦里白葡萄酒，加 1 大汤匙蔬菜，然后再放入鹅肝块与切成 1 厘米大小的鸡胸肉块，最后放松露片。把汤倒进碗里，别倒满，留 1.5 厘米的空间。每只碗上放一层千层酥皮（酥皮的直径要比盛汤的碗大 3 至 4 厘米）。蛋黄里加入两咖啡匙水，用盐调味，涂在面片上。放进烤箱里，静止温 180℃，烤制 20 分钟。注意不要烤糊酥皮。烤好后立即端上桌。

锅底絮语

禁忌

"我一边品着盖尔芒特家窖藏的滴金酒庄的美酒,一边咀嚼着依照公爵细心制定并修改的不同方法烹制的雪鹀。然而,对一个已经不止一次坐在这张神秘餐桌前的人来说,雪鹀这道菜却并非不可或缺的了。"读到《往事追踪》(*Recherche*)里这段话的时候,谁会不去怀念那个时代呢?当时,吃雪鹀不仅合法,而且还因为成了家常便饭,竟至到了让人避之唯恐不及的地步。

可惜的是,吃喝也是一件有禁忌的事。有人把这种禁忌归因于宗教或种族观念,可是,没有一个社会是不存在饮食禁忌的:或是不能吃猪肉,或是不能吃马肉,或是不能吃狗肉。

在某些情况下,这种禁忌不管是否合乎理性,却是和保护消费者相关联的。1920 至 1933 年美国禁酒就是如此(时至今日,美国南方的一些州仍然禁酒),1915 至 2011 年法国禁饮苦艾酒也是如此。

不过,对美食家而言,另外一些禁忌可能就非常痛苦了,因为被禁的这些食物同时也是人们最为需要的,而解除这些禁忌的可能性又极小:与物种保护有关的禁忌。早年的例子是甲鱼,奥古斯特・埃斯科菲耶曾研制过一套甲鱼烹调方法,但后来甲鱼越来越少，而在甲鱼最受追捧的英国，人们常常用小牛头替代甲鱼。今天，围绕着对日本"科学"捕鲸的争议，禁食鲸鱼的呼声达到了高潮。

　　然而，给法国美食家留下最深印象的禁忌是禁食雪鹀。这可能是因为，禁忌的规定在法律上有空子可钻，所以规定发布之后仍然可以捕食，数量还相当可观，虽然都是暗中消费。必须指出的是，雪鹀不仅仅是一道菜，吃雪鹀还有一整套仪式。首先要说的就是捕捉和烹饪雪鹀。因为人们用网活捉这种候鸟，捉到之后就把鸟放进一个比鸟的身子略大的小笼子里，笼子小得让雪鹀动弹不得，只能把头伸出来。这时你就可以想怎么喂就怎么喂了，要想方设法让雪鹀多吃，直到鸟的重量倍增。宰杀的方式极其特别，是把雪鹀放进阿尔马涅克酒里淹死。烹制好后，就到了品尝的时刻。品尝时头上要蒙一块大餐巾，既是为了让这种鸟特有的芳香最大限度地集中，也因为要把雪鹀整个吃掉，只剩爪子，还要时不时地把最大的骨头吐出来。雪鹀是一道无可比拟的美味，精致的美食家弗朗索瓦·密特朗最清楚不过：他吃的最后那顿饭里，就要求有30个马雷恩人工饲养的牡蛎，鹅肝，几片抹了大蒜、涂了橄榄油的面包，还有两只——不是一只——雪鹀。

44 总理先生，圣诞节会有鬃蜥吗？
1975 年

此事属于轶事秘闻，但挺可笑的。很久以前，本书的两位作者之一（最有魅力、也是最有趣的那位）正忙于为罗贝尔·维尼翁写传记；维尼翁是法属圭亚那的第一任总督（1947—1955），后来当上了参议员（1962—1971），尔后又出任马里帕苏拉的市长（1969—1976）。马里帕苏拉是他亲手建立的市镇，位于圭亚那阿马索尼亚地区中心。创立这样一个市镇，目的在于为伊尼尼区建立一个行政中心，当时的伊尼尼区覆盖了圭亚那内陆的大部分地区。格扎维埃在翻阅老省长的档案时，在招待共和国总理的奇特菜单里发现了这张菜单。

　　1975 年 12 月，雅克·希拉克总理宣布了绿色计划。这是一项发展圭亚那的庞大计划，他借此机会来到了这个美丽的海外省。罗贝尔·维尼翁这时已不再担任参议员，但依然是圭亚那的一位要员，总理答应他去他的那个市镇看看。那是法国最大的市镇（面积比卡尔瓦多斯、奥恩和芒什三个省面积的总和还大），但也是交通最不便利的市镇，只能从卡宴坐飞机，或者从圣洛朗迪马罗尼乘船前往。

去一趟挺麻烦的，但总理如果可以来到森林中心，绿色计划就会更有意义，于是希拉克就过去了。到达的日子不同寻常，因为他于 12 月 24 日晚上到达目的地，并于 12 月 25 日发表了演讲。无论何时看到那张照片都会让人觉得很特别：年轻的总理身着桔黄色短袖衬衣，口袋里装着一盒烟，时值冬季，但是天气的闷热却可想而知。遗憾的是，没有留下任何关于他对圣诞节晚宴作何反应的记载。晚宴上全是地方特产，有很多水果，有果实和根茎，还有……鬣蜥。

烩鬣蜥块

   4 只上好的鬣蜥

   2 个柠檬

   3 根鸟屎辣椒

   9 瓣蒜

   6 个洋葱

   印度香料

   丁香

   250 毫升醋

姜

1 汤匙油

1 咖啡匙糖

1 扎月桂、百里香等调味香料

盐

胡椒粉

  把鬣蜥在开水里焯一下，去掉尾巴和爪子上的麝香腺，切成块，用柠檬涂抹肉块。

  把辣椒切碎。大蒜去皮，捣碎。把洋葱切成薄片。将辣椒、蒜、洋葱、印度香料、丁香、醋、第二个柠檬榨成的汁和切成了片的姜倒进沙拉碗里，一起搅拌。然后把鬣蜥肉块倒进去，常温腌渍 2 个小时。炖锅里放油，中火烧热，炒糖色。把鬣蜥肉块从腌渍汁里捞出来，放到油里煎 10 分钟，让肉块表面变成焦糖色，将留下的腌渍汤汁浇到肉块上。加水，没过肉块，烧开，转小火，盖上锅盖焖 1 个小时。放入调味香料，尝尝咸淡，再拿下锅盖，炖 20 分钟。

45

总统、小牛头、疯牛
和法英友谊

1996 年

大家都知道，乔治·蓬皮杜对难登大雅之堂的菜情有独钟。刚刚年满 35 岁就被他任命为总理的雅克·希拉克，也好这一口，而且拉近两人关系的还不止这一个共同爱好。很久之后，希拉克于 1992 年在他经常光顾的饭馆——就是巴黎马比荣大街的沙尔庞捷酒家——里庆祝自己的 60 岁生日，点了这家的招牌菜之后，又点了一道小牛头。一个传奇就这样诞生了。

　　不要忘记雅克·希拉克是一位精明的政治家。小牛头是一道地道的法国菜，但客观地说，它同时也是一道很奇特的菜。希拉克之所以把自己的形象跟小牛头这样一道菜结合到一起，为的就是调和一下他形象中的巴黎色彩，让人想到他的票仓科雷兹；科雷兹地属利穆赞大区，恰巧，利穆赞人对本地小牛的品质非常自豪。

　　可是，他是否曾经料到，从那个时候起，这道菜和他的形象会多么紧密地结合到一起呢？到 1995 年进行总统选举的时候，在选举运动中和希拉克密不可分的已经是小牛头，而不再是苹果了。这是个不宜再消费这种眼光柔和的动物的时期，刚好被他赶上。早在 10 年之前，英国已经出现了疯牛病，而欧盟从那时起就开始鼓励大批屠宰刚出生的小奶牛，以避免"奶牛肉"超产。同年证实了疯牛病会传染给人类。

　　希拉克总统并未因此而在这个问题上改变自己的习惯。1996 年，危机达到了顶点。法国第一个站出来，完全禁止从英国进口牛肉，欧洲很多国家紧随其后，也都对英国牛肉下了禁令。同年，希拉克到伦敦进行国事访问。一位英国记者问他，他是不是应该用女王十分喜欢吃的并且对健康威胁较小的烤牛肉，来代替他自己特别喜爱的小牛头。希拉克总统答道："要想吃到王家的烤牛肉，首先得有小牛。可是，由于不是所有的小牛都能天然地长大成牛，也就必须把小牛吃掉，于是，保护小牛头……就变得十分重要了。"

小牛头配酸辣沙司或酸醋沙司

　　　　1 个小牛头

　　　　200 毫升醋

　　　　1 个洋葱

　　　　2 个丁香

1 束香芹

2 汤匙面粉

盐

胡椒粉

做酸辣沙司会用到的食材：

6 根葱

100 毫升醋

1 汤匙切碎的细叶芹

1 汤匙切碎的龙蒿

1 片捣碎的桂叶

1 根百里香

3 个蛋黄

60 克黄油

做酸醋沙司会用到的食材：

3 个鸡蛋

满满 1 咖啡匙芥末酱

450 毫升中性油（花生油、菜籽油、葵花籽油均

可）

3 汤匙醋

满满 1 汤匙刺山柑花蕾

3 根醋渍小黄瓜

1 汤匙切碎的香芹

1 汤匙切碎的龙蒿

在凉水里加 100 毫升醋，把小牛头放到水里泡两个小时。捞出来，在水龙头下面清洗干净。用纱布把小牛头包好，捆紧。盛一大锅凉水，倒进 100 毫升醋。把剥了皮、嵌了两个丁香的洋葱和香芹放进锅里。用少许水把面粉化开，倒进锅里。加盐和胡椒粉调味。将小牛头放进锅里。烧开，然后改用小火，盖上锅盖，煮 5 个小时。

准备酸辣沙司：剥去葱外皮，切碎，放到一个平底锅里，倒进醋，用大火收汤，煮 5 至 6 分钟。加入切碎的细叶芹和龙蒿、捣碎了的桂叶和去了叶的百里香。倒入 250 毫升煮小牛头的汤进平底锅里，煮 2 至 3 分钟。熄火。把蛋黄打碎，加少许汤将蛋黄稀释，用来给沙司勾芡，使沙司变稠。慢慢将黄油放进去，边放边搅拌。把沙司隔水放到炖锅里保温。

准备酸醋沙司：将鸡蛋放入开水煮 10 分钟。捞出来放到凉水里冷却。把鸡蛋剥开，一切两半，将蛋白和蛋黄分开。将蛋黄放入碗中，用叉子将其捣碎，加入芥末酱、盐和胡椒粉。将油一点点倒进去，像打发蛋黄酱那样搅拌。加醋。把刺山柑花蕾和醋渍小黄瓜切碎，放进沙司里。加入香芹和龙蒿。把蛋白切碎，也放进沙司里。放在阴凉处保存。

　　将小牛头沥干，从纱布包里取出，用布片吸干上面的水分，切成块儿。将小牛头和英式风味的土豆一起端上桌，同时将选好的沙司放在一旁，或者，如果想让客人自行挑选，就把两种沙司一起端上去。

46 献给千禧年的羔羊

1999 年

在人对整数的痴迷面前，历史学家和数学家的所有解释都显得无足轻重。世界上的绝大部分国家，至少是那些使用格里历的国家，都是在从 1999 年 12 月 31 日到 2000 年 1 月 1 日那天的夜里庆祝进入新世纪和新千年，而不是再等一年，当时间真的过渡到了那个时刻，才庆祝进入第三个千年。

　　提起这件事，是因为地球上有位权贵人物从这种混乱中获利。在美国，2000 年是个选举年，比尔·克林顿将在这一年结束他的第二个任期。正好在总统交替中庆祝千禧年，可能显得有些棘手。于是，在 1999 年 12 月 31 日的晚上举行了庆祝千禧年的盛大节日活动。

　　在此前的 3 年时间里，由希拉里·克林顿主持的一个委员会就已经着手准备标志旧千年结束的庆祝活动。该项活动从 1999 年年初开始，陆陆续续进行了一年，在白宫举行的招待会标志着这一系列庆祝活动达到顶峰。白宫的这次招待会，打破了美国历任总统辞旧迎新时只与家人或朋友进行私人庆祝活动的传统。从邀请的人数来看，这是白宫组织的最大的一场招待会：有240人在白宫东厅就餐，有125人在联邦餐厅就餐，还有100人在玫瑰园和杰奎琳·肯尼迪花园里临时搭的帐篷里就餐。餐食有鱼子酱、龙虾、羔羊排骨、巧克力慕斯；酒水方面，除了香槟，还有四种葡萄酒（都是美国的）。

　　宴会刚一结束，客人们就立即被引领到林肯中心去参加晚会。林肯中心的晚会上还来了很多其他客人。晚会的组织安排由昆西·琼斯和小乔治·史蒂文斯负责，演出活动则由威尔·史密斯担纲。史蒂文·斯皮尔伯格的短片《未竟之旅》和约翰·威廉斯的交响乐《美国征程》这两部作品，都是为这次晚会创作的。晚会散场之后，客人们又返回白宫，就餐的大厅和帐篷此刻业已变成氛围各异的舞厅，犹如海水浴疗养地的高级夜总会，大家在那里翩翩起舞，直至深夜。

用松露腌制的羔羊排骨，菜蓟和甜椒炖菜

　　1个松露（60克重）

　　250毫升橄榄油

　　3块羔羊排骨，每块带8根肋骨

　　胡椒粉

1 公斤胡椒盐拌菜蓟

1 个大甜洋葱

2 根芹菜

油

2 个上等甜椒

粗盐

4 瓣蒜

500 克西红柿

1 大撮百里香

3 叶月桂

1 个柠檬的柠檬汁

2 汤匙切碎的罗勒

前一天，将半个松露切碎，放入 250 毫升橄榄油里。用橄榄油仔细涂抹羊排骨。在排骨上多撒些胡椒粉。用锡纸把排骨包好，放在凉快的地方腌一宿。

将烤箱预热到 220℃，旋转温。将菜蓟掐头去尾，切成两段。剥去洋葱外皮，切成薄片。也把芹菜切成薄片。用中火把油烧热，把洋葱和芹菜放进油里煎 3 分钟。将甜椒的根和籽去掉，切成小方块，混到煎好的洋葱和芹菜里。加盐与胡椒粉调味，烧

3 至 5 分钟，到甜椒变软为止。剥蒜并将蒜捣碎。把蒜放进锅里后再烧 1 至 2 分钟。仔细将羔羊排骨擦干。把剩下的半个松露切成带尖头的小块，塞进羔羊排骨里。将羊排放到烤箱里烤 40 分钟。与此同时，把西红柿去籽，切成小方块，放到已经混到一起的洋葱、芹菜、蒜、甜椒里，烧 10 分钟。加菜蓟、百里香和月桂叶，加水，水不要盖过菜蓟。把水烧到微微冒泡，煮 30 分钟。加柠檬汁和罗勒。出炉，端上桌。

47 英法协约周年庆

2004 年

这可不是一件小事。2004 年庆祝英法友好协约的签订，就是庆祝一个世纪以来既酸涩又甜蜜的英法关系。女王伊丽莎白二世，戴着帽子，偕同她的丈夫菲利普·蒙巴顿亲王，以汉诺威王室那种特有的冷漠，降尊纡贵，来到法国参加庆祝活动。她用法语赞扬"这项协约具有远见卓识，打下了坚实的同盟基础，使两个国家得以度过 20 世纪的惊涛骇浪"。

　　为了这次活动，希拉克夫人贝尔纳代特·希拉克亲自挑选的是塞夫勒产的瓷餐具。其他物品由爱丽舍宫的地下储藏室——幸好那时还没有被卖掉——提供。酒至少都是十年以上的年份酒：滴金酒庄 1990 年的小王冠、木桐酒庄 1988 年的葡萄酒、1995 年的酩悦香槟。宴席上的菜品既经典又美味：奶油西兰花、索泰尔纳葡萄酒鹅肝冻、鹅肝慕斯奶油蛋糕、香槟酒炖鹌鹑（鹌鹑肚子里塞满了鲜羊肚菌）、油封鸭配萨尔拉土豆、奶酪，尚博尔（一种掼奶油点心）。2004 年 4 月 8 日，席设爱丽舍宫，款待英国女王。

是想取悦女王吗？可能是，因为奶油西兰花并非法国菜里的特有之物。西兰花是罗马人发现的，自文艺复兴时代起，即成为意大利半岛居民喜爱的菜品。直到 20 世纪，西兰花才越过阿尔卑斯山脉，这距离汉尼拔所在的时代已经很久远了。从前，英格兰是唯一引进西兰花的国家，那里的人们至今仍然格外喜爱西兰花。出于女王口味和西兰花在英国的历史，礼宾官和厨师长都不难找到推出西兰花的理由。

浓汤西兰花

    2 根韭葱

    1 个洋葱

    2 个分葱

    黄油

    4 个土豆

    2 棵西兰花（800 克）

    5000 毫升汤

    250 毫升的乳皮奶油

    盐

    胡椒粉

枯茗

　　30 克陈切德奶酪或帕尔玛奶酪

　　将韭葱洗干净，切成小圆片，把洋葱和分葱切碎，将处理好的 3 种食材放进黄油里煸一煸。加入切好了的土豆和西兰花。加汤，让汤没过西兰花。加胡椒粉调味。开小火，最多煮 20 分钟。加奶油，再煮 5 分钟。搅拌。试试咸淡，加枯茗。

　　端上桌的时候，放上刨成薄片的切德奶酪或帕尔玛奶酪屑。如果你愿意，可以将这两种奶酪做成瓦形端上餐桌。

48

印度王公、年轻女
伯爵和老朋克

2006 年

2006 年 3 月 14 日，焦特布尔郊区梅兰加尔堡。彼时一位年轻的法国女记者，生性活泼、好奇心强、充满活力、文笔辛辣，刚得到爵位不久，在为《国家地理》写报道文章，所以对印度王公很感兴趣。那时王公们都是土邦的王爷，在印度还是英国的保护国时，统治过印度的部分地区。虽然 1971 年颁布的宪法剥夺了他们的特权，但这些人依然很有权势，尤其是在拉贾斯坦邦。

　　2006 年 3 月 14 日，这一天也是印度历的 12 月望日，是个月圆之夜，亦即胡利洒红节，印度的一个重要节日，纪念毗湿奴神战胜邪恶国王希兰亚卡西普，即善战胜恶。在土邦前王公玛哈拉贾·加吉·辛格眼中，这一年的这个节日具有特别的象征意义。

　　前王公玛哈拉贾·加吉·辛格把全部希望都倾注到儿子，即王位继承人施夫拉吉·辛格王子身上。他把儿子送进伊顿公学去念书，但儿子在伊顿公学的马球队里大出风头，成绩可能比他后来在牛津的布鲁克斯大学的学习成绩还好。布鲁克斯大学跟英国最古老的牛津大学同处一市，却没有牛津大学的威望和名气。回到印度以后，施夫拉吉·辛格成了德里上流社会出了名的绅士和马球高手，直到2005年。在那一年的一次马球比赛中，马失前蹄，他被摔成重伤，昏迷了几个月，直到2006年初，走路说话都还很困难。胡利洒红节成了他复出的一个机会。

儿子的复出是这位前王公下的一个双重赌注。首先是政治方面。从1971年的宪法颁布以来，加吉·辛格就站到了反对英迪拉·甘地的阵营里，更是站在了国大党的对立面，而他儿子的复出是增强其合法性的一个手段。经济上也是如此。因为，在印度这样一个新兴的发展中国家里，王爷确信，土邦，特别是焦特布尔港的发展，要依靠旅游业和文化艺术遗产。

巧的是，有些名人正好就在那里：有早年就出了名的爱尔兰朋克歌手鲍勃·吉尔道夫（此人已经改唱民歌），有几个名人之后（包括摩纳哥公主卡洛琳的长子帕特里斯·盖朗-爱马仕……），还有几位记者。有这样一些人在场，那是再好不过了，可以利用他们更好地展现胡利洒红节的人文色彩——臣民穿着衣服用带颜色的水洗澡，以纪念毗湿奴神对希兰亚卡西普的胜利。

晚宴在梅兰加尔堡举行，菜式十分丰盛。在络绎不绝地传送的菜肴中，有一道叫拉尔·马斯的菜很特别，是拉贾斯坦邦的上等咖喱粉制作的，辛辣无比。

拉尔·马斯

18—20 个红辣椒

2 咖啡匙芫荽粒

1 咖啡匙枯茗粒

10 瓣大蒜

2 厘米姜

250 毫升菜籽油

500 克带骨羔羊肩，让肉商切成块

盐

20 克豆蔻粉（印度食品杂货店里有售）

2 个小洋葱

2 个青辣椒

4 瓣小豆蔻

1 根桂皮

肉豆蔻

胡椒粉

半捆芫荽

把炖锅放在火上，用文火将红辣椒焙干，焙5分钟即可，为的是把辣椒的辣味焙出来。加芫荽粒和枯茗粒。芫荽粒和枯茗粒在锅里一开始蹦，就熄火，将颗粒都磨碎。将大蒜和姜切片，锅里放少许油，大火煸炒姜蒜半分钟。把羔羊肩肉放进去煸炒，加盐调味，然后加豆蔻粉，再煸炒几分钟。将洋葱和青辣椒切成块，放进锅里。等洋葱颜色变黄时，加小豆蔻、桂皮和肉豆蔻，放入胡椒粉，拌匀。放红辣椒末，煸炒1分钟。加水，没过肉，盖上锅盖，煮30分钟。把肉捞出来，放在一边。用小漏斗过滤调料，重新放到火上收汤。5分钟后，再把肉和切碎了的芫荽放进锅里。

立即连同米饭或馕一起端上餐桌。

49 新希望和糖醋鸭

2009 年

2009 年 1 月，美国要开始书写新的历史篇章。这一年是亚伯拉罕·林肯诞生 200 周年纪念，第一位黑人总统宣誓就职，结束了乔治·W. 布什总统的 8 年任期；布什任期中有两个标志性事件，一个是介入阿富汗，再一个是干涉伊拉克内政。对很多人来说，新总统是新希望的化身，而这一点被精心地展现在持续了 3 天的就职仪式中。宣誓、发表就职演说以及 1 月 20 日的午宴让 3 天的活动达到了高潮。

就职仪式被命名为"自由的新生"，这是从亚伯拉罕·林肯在葛底斯堡发表的演说里提炼出来的一句话；提出"民有、民治、民享"的葛底斯堡演说，是美国民主的一个奠基时刻。同千禧年庆典一样，作曲的事也委托给了约翰·威廉斯，他这次写的《简单的礼物》，主要由马友友和伊扎克·帕尔曼演奏。令人惊讶的是，巴拉克·奥巴马的就职演说里没有他的几位前任喜欢的那些警句，相反，通篇讲话提及的都是早期的几位总统，特别是合众国首创时期的总统——"合众国之父"，从乔治·华盛顿到亚伯拉罕·林肯。

　　同往常一样，提得最多且着力强调的，仍然是亚伯拉罕·林肯，这一点一直延续到依照传统在国会山举行的午宴：端上来的菜肴都盛在红白相间的瓷盘中，瓷盘是根据林肯担任总统时白宫所用瓷盘仿造的，而且主桌后面的墙上挂的又是托马斯·希尔画的《优胜美地峡谷风光》；这幅画创作于1865年，纪念林肯签署"优胜美地土地赠与法案"——这是保护为公众享用的公园的联邦第一法案。可以清楚地看出，每件事都思虑得很周翔。至于午宴，则反映了新千年之初美国的餐饮口味，传统而又开放，既有海鲜汤和番荔枝点心，又有樱桃酸辣酱鸭胸。

樱桃酸辣酱鸭胸

　　　1 捆龙蒿

　　　1 个西红柿

　　　1 个红甜椒

　　　180 克樱桃汁

　　　1 汤匙橄榄油

　　　1 个小洋葱

　　　3 瓣蒜

1 根分葱

1 撮枯茗

1 撮红辣椒

盐

胡椒粉

50 毫升红葡萄酒

1 汤匙糖

1 汤匙苹果醋

50 毫升橙汁

半汤匙第戎芥末酱

30 克戈尔登产的葡萄干

2 根上好的红薯

30 克淡黄油

1 咖啡匙红糖

3 咖啡匙甘蔗糖蜜

1 汤匙枫浆

1 咖啡匙枯茗

6 条鸭胸肉

把龙蒿切碎，把西红柿和甜椒随便切几刀，樱桃去核。中火热油。剥洋葱、蒜和分葱，切成末，放进油锅里煸2分钟。加入西红柿，同时加入1撮枯茗和1撮辣椒，加盐和胡椒粉调味，搅拌半分钟。把火调小，加入甜椒，烧5分钟。加入酒、糖、苹果醋和橙汁，继续煮5分钟。加入芥末酱、一半樱桃汁，再用文火煨5分钟。稍微放凉，盛出50毫升汤汁，收汤，成泥状后关火，放在一边。将剩下的一半樱桃汁、龙蒿和葡萄干放进锅里，与其他食材搅拌在一起。将烤箱预热到180℃，静止温。放入红薯烤1个小时，取出，将烤箱温度调至220℃，旋转温。红薯趁热去皮，用叉子将红薯和黄油、红糖、糖蜜、枫浆和1汤匙枯茗搅和到一起，压碎，直到看上去十分均匀为止，调整调味。用刀划开鸭胸肉皮（在带有脂肪的一侧的鸭肉皮上划出一系列竖道，就像国际象棋棋盘那样）。将炖锅放到小火上烧热，然后放到一边，把鸭胸肉放进炖锅里，皮朝下，放置10分钟，让油脂渗出来。把渗出来的油扔掉。用糊状樱桃酱涂满鸭胸肉。重新放进炖锅，皮朝上，放进烤炉烤6分钟。

将鸭胸肉切成薄片，与酸辣酱和红薯泥一起端上桌。

锅底絮语

酒

　　说到盛宴，还有比美酒和佳肴更密不可分的东西吗？可是，在公元前6千多年以前的高加索地区，葡萄从野生到栽培，到发现可以酿酒这样的好事，到最后酿造出今天这样的芳香美酒，经历了一个漫长的过程。

　　古代欧洲人并非不喝酒，恰恰相反。几乎所有的欧洲语言都用从格鲁吉亚语 ghvin 派生出来的词指称酒，这应该不是出于偶然。现代希腊是唯一或差不多是唯一一个使用完全不同的词汇来指称酒的欧洲国家，他们用的是 krasi。这是因为，古希腊人喝的不是纯酒（oinos），主要因为纯酒是含有大量杂质的糖浆状液体，他们喝倒入双耳爵中，兑入清水，有时还加一些香辛料的酒。这种喝酒的方法从希腊人那里传授给了伊特鲁里亚人和罗马人。甚至早在被征服之初，高卢南部也接受了这种喝酒方式。

　　不带丝毫沙文主义色彩地说，正是在那里出现了葡萄从野生到栽培之后的第二个重大发明：从公元前3世纪起，高卢人开始用橡木桶储存和运送酒，不再用大双耳瓮了。酒和橡木桶之间的相互作用，使酒质变得更稳定，所以从那个时候起，就可以酿造出更纯、也更容易吸收消化，且可以不兑水就能喝的酒了。从公元最初几个世纪起，高卢酒，特别是阿基坦地区酿造的酒，享誉整个罗马帝国。但有一个问题没解决：酒酿造出来之后不好保存，这就使各家各户自己酿酒喝变得困难了。

第三次重大发明是法国和英国共同完成的。英国人喜欢喝颜色淡的葡萄酒，波尔多这种低度葡萄酒，既不是红色，也不是紫色，接触到氧气后能保存的时间也很短。波尔多市议会第一任议长、1649年成为奥-布里翁城堡主人的阿尔诺·德·蓬塔克，让管理酒窖的师傅去琢磨，终于发明出了盛酒的瓶子，瓶子肚大颈长，式样独特，以软木为塞。这项发明不仅使运送和保存较小瓶子的酒成为可能，还可以使酒陈化。蓬塔克的酒很快就风靡欧洲，从1660年起，英国国王查理二世的窖藏目录里就有了"奥布里奥诺"（从"奥-布里翁"变来的）酒。现代葡萄酒就这样面世了，产地划分得十分清楚，有很严格的等级。波尔多葡萄酒占据着第一把交椅，而这项第一，又在1855年举行万国博览会时，被拿破仑三世立为定制。

50

中国贵宾在凡尔赛
参加晚宴

2014 年

看看君主专制、凡尔赛宫和玛丽-安托瓦奈特的历史在世人眼里会产生什么样的反应，是件非常有意思的事。凡尔赛宫曾惨遭劫掠抛弃，后来又变成众人目光聚焦之地。2014 年 3 月，中国贵宾正式访问法国时，法国总统曾在凡尔赛的大特里农宫设宴接待。

为了这次接待，阿兰·迪卡斯和他团队里的厨师都跃跃欲试。厨师长迪卡斯想出了 18 道菜：王室菜园时蔬配盐味炸面包块佐淡芥末调料；酸模沙司佐青蛙腿；松露珍珠鸡馅包子；海螯虾馅馄饨；生熟两种鲜时蔬；鲷鱼配鱼子酱与甜萝卜；羊肚菌配意大利多汁汤团；烧厚鳗鱼里脊与贝类；黑松露烧大菱鲆；龙虾洋姜；乳鸽配芹菜与花生；嵌橄榄涂蛋黄煎牛犊胸腺；乳羊里脊配茄子与风轮菜；异国特色的干酪；香草千层酥；红色浆果挞；榛子；梨。酒水是爱丽舍宫酒窖里的存货：1 瓶 1998 年的唐-佩里农干型香槟王，1 瓶 2009 年的枫丹白露巴塔-蒙哈榭葡萄酒，1 瓶 2008 年的庞特卡奈堡葡萄酒，1 瓶 2006 年的奥-布里翁堡葡萄酒，还有 1 瓶 2002 年婷巴克世家产的迟摘雷司令葡萄酒。迪卡斯在报纸上吹嘘，说每 8 分钟上一道菜。当然，菜量都不大，数量也比波旁王朝时期少了不少。

酸模沙司佐青蛙腿

    125 毫升干白葡萄酒

    125 毫升诺里酒

    125 毫升鱼香调味汁

    40 克切碎的分葱

    250 毫升奶油

    盐

    胡椒粉

    50 克用盐水煮过的酸模

    12 只上等青蛙，大腿肉去骨

    面粉

    黄油

把白葡萄酒、诺里酒、鱼香调味汁和切碎了的分葱放入锅中，打开火，浓缩汤汁。把已经浓缩成糖浆状的汤汁倒进细密的小漏斗里过滤。加入奶油。再上火，重新浓缩汤汁，使调料和奶油融合，做成沙司，调味（沙司可以在端上桌的时候再从隔水温食物的锅里取出）。将沥干了的酸模加进去，搅拌到一起，放在一旁。将青蛙腿沾好面粉，放到黄油里爆炒。

附录一

小辞典

　　往糕点上涂杏子酱：为了使糕点看上去更亮丽，往上面浇一层薄薄的杏子酱。

　　美景：美景牛里脊是一道冷荤，肉在冷冻中凝固。据说这是蓬巴杜侯爵夫人城堡里的一道名菜。

　　烫煮：把糖放进蛋黄里，边煮边用力搅拌。

　　用文火炖煮/过滤用文火炖煮的汤汁：用密封的炖锅、以微弱的小火长时间地熬一种东西。用熬好的汤汁做调料，须将汤汁过滤，即用小漏斗过滤。

　　用细绳把鸡捆住：用细绳把鸡的大腿和翅膀紧紧地捆在一起。

　　粗劣的菜肴：那种蔬菜没有用绞菜机绞过的普通菜肴。

　　冷荤：正如其名所指，是将在火上烹制后放进调味汁里凝冻的鸡肉块、鱼肉块或其他肉块。根据未经考证的传说，冷荤出自卢森堡元帅，大概他品尝过这种烩鸡块。

脯肉（禽类）：两肋上面那个部位的肉，嫩。

清炖鸡汤：把炖好了的鸡汤过滤，然后加入蛋清。

母鸡屁股瓶：一种圆形器皿。

高装奶油糕点：用一种陶制或玻璃制高装小烤炉烤出来的小蛋糕。

加热煮融：在浓汁里加点儿水，把浓汁化开。

除去油脂：液体油脂有多种去除方法，最简单的办法是让液体冷却，冷却之后把液体表层的油脂除掉即可。

撇去泡沫：用撇沫勺把汤菜表面形成的脏兮兮的沫子撇掉。

筛布：一种松软的棉纱，相对来说孔眼比较大（但比小漏斗或漏勺的眼要小），用来过滤果汁和调料，或者煮怕散开的食物。

和面：说的是用手掌把面团来来回回地揉。

肉冻：用家禽或其他肉类制成。

封（炖锅）：用水与面和成的面团将炖锅密封。

混合：两种食材尚未完全混合、油质的东西从混合物中分离出来的时候，要尽力使它们混合到一起。

废糖蜜：榨甘蔗或甜菜时流出来的汁液。榨甘蔗的时候，是要把废糖蜜和甘蔗渣分开的。

浸泡：放进水里或酒里。

曼格黄油蛋糕模：一种高帮的圆形蛋糕模。

油煎薄饼：英文名字叫 pancake，一种用长柄锅煎制的饼，可以卷起来，也可以折起来。

面团：一块一块的和好了的面。

剥菜皮：掐掉芳香类植物的叶子，比如掐芹菜叶。

英式土豆：按照英国人的做法，土豆先要在滚开的水里烫一下，把皮剥掉才能做菜。

方砖砌成的炉灶：早年间做饭用的火。

意大利式蛋黄酱：以鸡蛋为原料做的奶油，极鲜。鸡蛋打好了要用隔水锅炖。

和面加油酥：用这种面做的糕点，可以入口即化。

把菜切成马提尼翁块：马提尼翁块，马其顿块，米尔博瓦块，是蔬菜的三种切法，切出来的块都是方的，块头一种比一种大。马其顿块是做什锦蔬菜用的，米尔博瓦块专用于米尔博瓦菜系。从理论上讲，马提尼翁块比米粒大不了多少。

簸扬：这个词，用在这里指的意思不是用簸箕扬谷粒，而是用小勺慢慢地搅动汤或调味汁。

附录二

参考文献

资料来源

Apicius, *De re coquinaria*.

1. Brillat-Savarin Jean-Anthelme, *Physiologie du goût*, Paris, Flammarion, 2009.

2. Carême Marie-Antoine, *Le Maître d'hôtel français : parallèle de la cuisine ancienne et moderne considérée sous le rapport de l'ordonnance des menus à servir selon les quatre saisons, à Paris, à Saint-Pétersbourg, à Londres et à Vienne*, 1822.

3. Carême Marie-Antoine, *Le Pâtissier pittoresque*, Paris, Mercure de France, 2003.

Frédéric II, *Liber de coquina*.

4. Fresne de Beaucourt du Gaston, *Chronique de Matthieu d'Escouchy*, Paris, Renouard, 1863 - 1864.

5. Grimod de La Reynière Alexandre Balthazar Laurent, *Manuel des Amphitryons contenant un traité de la dissection des viandes à table, la*

nomenclature des menus les plus nouveaux et des éléments de politesse, Paris, Métailié, 1995.

6. Guyotjeannin Olivier, *Salimbene de Adam, un chroni-queur franciscain*, Turnhout, Brépols, 1995.

7. Lamarche de Olivier, *Mémoires d'Olivier de La Marche : maître d'hôtel et capitaine des gardes de Charles le Téméraire*, Paris, Renouard et H. Loones, 1883.

Études savantes

8. Alcouff e Daniel, «La naissance de la table à manger au xviiie siècle», in *La Table et le Partage*, Paris, La documentation française, 1986.

9. Bonnet Jean-Claude, «Les manuels de cuisine», in *Dix-huitième siècle*, n° 15, 1983. Boudan Christian, *Paris cuisine au milieu du monde, histoire et recettes d'aujourd'hui*, Paris, Jean-Paul Rocher, 2006.

10. Brécourt-Villars Claudine, *Mots de table et mots de bouche : dic-tionnaire étymologique et historique du vocabulaire classique de la cuisine et de la gastronomie*, Paris, Stock, 1996.

11. Drouard Alain, *Histoire des cuisiniers en France : xixe-xxe siècles*, Paris, CNRS éditions, 2007.

12. Ferrière le Vayer de Marc, «Du service à la franîaise au service à l'américaine, ou la table comme territoire de l'innovation, xviiie-xxie siècles», *in* Christophe Bouneau, Yannick Lung, *Les Dynamiques des systèmes d'innovation, logiques sectorielles et espaces de l'innovation*, Bordeaux, éditions de la MSHA, 2009.

13. Fink Béatrice, «L'avènement de la pomme de terre», in *Dix-huitième siècle*, n° 15, 1983.

14. Flandrin Jean-Louis, «Médecine et habitudes alimentaires», in *Pratiques et*

discours alimentaires de la Renaissance, Paris, Maisonneuve Larose, 1982.

15. Flandrin Jean-Louis, Montanari Massimo, *Histoire de l'alimentation*, Paris, Fayard, 1996. Flandrin Jean-Louis, Lambert Carole, *Fêtes gourmandes du Moyen Âge*, Paris, Imprimerie nationale, 1998.

16. Godfroy Marion, Xavier Dectot, *À la table de l'Histoire*, Paris, Flammarion, 2011.

17. Gélinet Patrice, *2000 ans d'histoire gourmande*, Paris, Éditions Perrin, 2008.

18. Kaplan Steven Lawrence, *Bread, Politics, and Political Economy in the Reign of Louis XV*, The Hague, Martinus Nijhof Publishers, 1976.

19. Ory Pascal, *Le Discours gastronomique franîais, des origines à nos jours*, Paris, Gallimard, 1998.

20. Pitte Jean-Robert, *Le Désir du vin à la conquête du monde*, Paris, Fayard, 2009.

21. Revel Jean-Franîois, *Un festin en paroles : histoire littéraire de la sensibilité gastronomique de l'Antiquité à nos jours*, Paris, Tallandier, 2007.

22. Rowley Anthony, *À table ! La fête gastronomique*, Paris, Gallimard, 1994.

Expositions

23. « Livres en bouche-cinq siècles d'arts culinaires franîais », BNF, 2002.

24. «Versailles et les tables royales en Europe xvii$_e$-xix$_e$», *Musée national des châteaux de Versailles et de Trianon*, 1993 – 1994.

梦之队鸣谢

两位作者对埃莱娜·菲亚马（真诚地）表达感激之情，感谢她热情地接受了这项策划；同时还要感谢帕约出版社的全体人员、热忱的实习生洛里·当万、财会部门和博学多才的编辑们，特别是加埃尔·方丹。

两位作者感谢（普罗旺斯省埃克斯圣让德玛尔特的）达尼埃尔·布儒瓦，这位老兄一向以在厨艺和圣经方面启发读者为己任，并乐此不疲。

马里翁向尼韦内省他那些忠实的肉店老板——格雷瓜尔、弗朗索瓦、让－莫里斯和奥雷里奥——热烈致敬，而格扎维埃则向巴黎的特里博莱肉店、兰斯的中心肉店和隆尼德里的戈斯福尔·法尔木以及巴黎的索吉扎鱼店（我们两个人热烈拥抱居伊）、鲁昂的马蒂梅和兰斯的巴斯利·普里莫尔。